AIGC
助力营销

全案解析 ←————————————

基于ChatGPT + Midjourney + D-ID

崔文竹◎ 编著

清华大学出版社
北京

内 容 简 介

本书以实战为导向讲述 AI 助力营销的方法，全书共分为 6 章：第 1 章从整体上介绍 AIGC 与 AIGC 营销，包括 AIGC 营销的基本概念、AIGC 如何改变传统营销模式、AIGC 在不同行业中的应用前景；第 2 章介绍常用的 AIGC 工具，包括这些工具的特点和使用方法；第 3 章介绍 AIGC 在营销文案中的应用，探讨如何使用 AIGC 生成引人入胜的营销文案，提供文案创作的创意灵感和技巧，分享实用案例；第 4 章介绍 AIGC 在数字营销中的应用，包括 AIGC 如何增强数字营销策略，探讨数字营销中的挑战和机遇，分享数字营销案例；第 5 章介绍 AIGC 在电商数据分析中的应用，包括如何利用 AIGC 处理大规模电商数据，提供数据分析和信息挖掘的方法，探讨 AIGC 如何制定更智能的电商营销策略；第 6 章介绍 AIGC 在智能营销中的应用，包括深入研究 AIGC 与智能化推荐系统的结合，如何提供个性化的智能营销体验，分享智能化营销的成功案例等。最后在附录中介绍"AIGC+"行业的变革，分析 AIGC 如何引领行业变革、预估未来趋势和提供建议，以应对不断变化的市场环境。

本书内容丰富，实用性与可操作性强，旨在帮助营销人员深入了解 AIGC 的应用，以及如何使用 ChatGPT、Midjourney 和 D-ID 等工具来提升数字营销效果，从而在竞争激烈的市场中脱颖而出。本书不仅适合从事网络数字化营销的从业者自学，也适合对人工智能和数据分析等领域感兴趣的人员学习。

图书在版编目（CIP）数据

AIGC助力营销全案解析：基于ChatGPT+Midjourney+D-ID / 崔文竹编著. —北京：清华大学出版社，2024.4

ISBN 978-7-302-66195-5

Ⅰ.①A… Ⅱ.①崔… Ⅲ.①人工智能 Ⅳ.①TP18

中国国家版本馆CIP数据核字(2024)第087288号

责任编辑：王中英
封面设计：杨玉兰
责任校对：胡伟民
责任印制：刘海龙

出版发行：清华大学出版社
网　　　址：https://www.tup.com.cn，https://www.wqxuetang.com
地　　　址：北京清华大学学研大厦A座　　　邮　　编：100084
社 总 机：010-83470000　　　邮　　购：010-62786544
投稿与读者服务：010-62776969，c-service@tup.tsinghua.edu.cn
质 量 反 馈：010-62772015，zhiliang@tup.tsinghua.edu.cn
印 装 者：三河市人民印务有限公司
经　　　销：全国新华书店
开　　本：170mm×240mm　　　印　　张：14.5　　　字　　数：270 千字
版　　次：2024 年 5 月第 1 版　　　印　　次：2024 年 5 月第 1 次印刷
定　　价：59.00元

产品编号：103212-01

AI 时代的市场营销正在以前所未有的形式和效率发生着改变，经验告诉我们，当时代经历变迁时，积极适应者和消极接受者的路径会有云泥之别。文竹曾多次娴熟地使用 AIGC 工具帮助我的学术图书出版，相信文竹的超前经验会给读者带来新的体验和自信。

——北京大学副教授　张宏岩

作为 AIGC 的实践者和推广者，文竹通过此书，系统且详细地分享了其在 AI 营销领域的深刻洞见与实战经验。相信未来往回看时，会感觉此书像一盏灯，是营销人转型升级路上的启蒙指引；亦是一枚生动的注脚，记录了 AI 营销发展起步的关键历程。

——宝宝树集团总裁　赵　洁

对于每一个品牌传播领域的从业者，这都是一本值得一看的实用工具书。随着 AIGC 浪潮来临，企业品牌建设的底层逻辑正在被颠覆，许多被无数次验证过的理论乃至工作方法都需要与时俱进，阅读这本书能帮我们更快适应 AIGC 带来的增量。

——中兴通讯新媒体平台关系总监　付　云

AIGC 的未来充满无限可能。AI 的未来将会是人机协同、优势互补的，AIGC 必然会在各个领域扮演不可或缺的角色。因此，AIGC 营销是营销领域未来发展的一门必修课，让读者更好地把握未来的机遇和挑战！

——中关村科创联盟大湾区主任
河北省传统文化促进会发展顾问
北大汇丰创讲堂嘉宾推荐官　聂　冬

未来已来，你来不来？本书从实战出发，用案例导引，把重点放在应用，让你从零学会用 AIGC 助力营销，深化数字化转型，借势创收。与其临渊慕鱼，不如退而结网，现在就一起学习吧！

——数字化跨界营销专家　宁延杰（宁财神）

　　在数字时代的浪潮中，掌握智能营销成为突破市场的关键。本书内容丰富，案例生动，深入浅出地介绍了 AIGC 技术及其在营销领域的应用，涵盖营销文案创作、策略制定和数据分析等，为相关从业者揭示了人工智能赋能营销的新路径，是赢在变革时代的上佳指南。

——京东城市数据科学家　苏义军

　　随着 AI 浪潮的席卷，不仅越来越多的个人被卷入，企业也被卷入到了 AI 革命当中，AI 的重要应用之一就是用 AIGC 做营销。我的朋友崔文竹刚好把这个需求做了详尽的研究和输出，相信对大家一定会有启发，推荐大家认真学习，并应用到实际场景中去。

——玩赚 AI 实验室主理人　大　国

前　言

　　在数字化营销的今天，营销方法与手段正在经历前所未有的变革。随着 AI 技术的飞速发展，AIGC 强大的内容生成能力为企业营销人员带来了前所未有的机会和挑战。本书作为一本 AIGC 助力营销全案解析手册，旨在深入探讨 AIGC 技术在营销领域的实战与应用，为广大营销人员、品牌推广与运营人员，以及对 AI 技术感兴趣的人员提供深入了解这一领域的渠道。

　　首先，本书将带你认识 AIGC 以及 AIGC 营销的基本概念。为你介绍 AIGC 如何改变传统营销，揭示未来的机遇。

　　接着，本书将介绍一系列常用的 AIGC 工具，帮助你了解如何选择适合自己需求的 AIGC 工具，并提供实用的建议和案例。

　　最后，本书将深入研究 AIGC 在营销中的具体应用，包括：

- AIGC 在营销文案中的应用。分享如何使用 AIGC 来生成引人入胜的营销文案，并提供创意灵感和技巧，以优化文案生成过程。
- AIGC 在数字营销中的应用。探讨 AIGC 如何增强数字营销策略，提高销售效果，以及如何应对数字化时代的挑战。
- AIGC 在电商数据分析中的应用。介绍如何利用 AIGC 技术来处理大规模的电商数据，发现有价值的信息，并制定更智能的营销策略。
- AIGC 在智能营销中的应用。介绍如何结合 AIGC 技术和智能化推荐系统，为客户提供个性化的营销体验，从而提升客户忠诚度和销售额。

　　另外，在附录中，将探讨 AIGC 与各个行业的变革，呈现 AIGC 在不同领域中的潜力和前景。

　　如果读者想了解 AIGC 工具的相关信息，以及相关资讯，可扫描封底"本书资源"二维码查看。

　　不管你是一位营销新手还是经验丰富的营销专业人员，本书都将为你提供有关 AIGC 辅助营销的深刻见解，帮助你使用最新的技术和工具来实现营销的卓越效果。我们希望本书能够成为你在探索 AIGC 时的有力向导，为你的营销策略带来新的思路和创新的想法。我们相信，本书将为你提供关于 AIGC 辅助营销的全面认识，帮助你在竞争激烈的市场中脱颖而出，并引领你进入智能化营销的未来。

在这个数字化时代，营销的方式正在经历巨大的变革，AIGC 技术正成为创新和成功的关键。让我们一起开始这段激动人心的 AIGC 之旅吧！

作　者

2024 年 4 月

第 6 章　AIGC 在智能营销中的应用 / 167

第 1 章　认识 AIGC 与 AIGC 营销

当代的数字营销环境越来越复杂，市场竞争也日益激烈，企业需要更加智能、高效的营销方式来突破重围。基于人工智能技术的 AIGC 应运而生，成为数字营销的重要一环。本章将深入探讨 AIGC 的定义和作用，通过了解其发展历程和现状，引发对于 AIGC 在营销方面应用的思考，从而展开对于 AIGC 助力营销的优势和挑战，结合不同的应用场景进行具体介绍，帮助企业在人工智能时代快速发展，拥抱时代的变革和机会。

1.1 认识 AIGC

在探索 AIGC 营销的技巧与方法之前，让我们先来认识一下 AIGC。

1.1.1 AIGC简述

AIGC（Artificial Intelligence Generated Content）即人工智能生成内容，又称生成式 AI（Generative AI），被认为是继专业生产内容（PGC）、用户生产内容（UGC）之后的新型内容创作方式。AIGC 是机器学习、深度学习、自然语言处理、计算机视觉等领域不断创新和发展的产物，其通过对海量数据的分析和挖掘，自动为营销活动提供各种形式的内容，包括但不限于文字、图片、视频、音频等，如图 1-1 所示。在 AIGC 的支持下，企业可以轻松创建高质量、个性化的营销内容，并实现更加精准的营销策略制定和执行，提高营销效果。

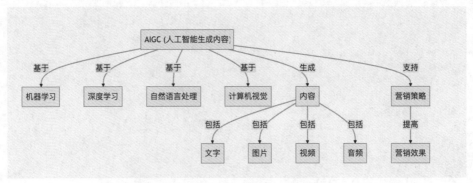

图 1-1 AIGC 的含义及与营销的关系

【知识拓展】AIGC有狭义和广义之分，狭义的AIGC与普通用户更为贴近，更关注图像、文本、音频、视频等内容生成。广义的AIGC包含策略生成（如Game AI中游戏策略生成）、代码生成（GitHub Copilot）、蛋白质结构生成等。本书主要讲解狭义的概念，即专注于帮助读者学习智能化的内容生成对于营销的助力。

2023年2月，ChatGPT进入了市场的聚光灯下，令以ChatGPT为代表的AIGC技术备受市场和资本的瞩目。第四范式联合创始人胡时伟表示，AIGC可能带来企业生产要素的变化。

而AIGC的出现，标志着内容生态进入AI辅助生产阶段，AIGC也将成为Web3.0内容生成新引擎，从而进一步催化虚实融合的元宇宙应用场景的呈现，加速数字中国发展。鉴于AIGC庞大的发展前景，国内外互联网巨头正争先恐后布局AIGC领域，AIGC的应用场景有望不断扩充。

【知识拓展】元宇宙与AIGC、Web3.0的关系如图1-2所示。元宇宙、AIGC和Web3.0三者一脉相承，在元宇宙时代，Web3.0是底层技术，为元宇宙提供技术底座和经济基石。元宇宙中的核心要素"数字身份""经济体系"与Web3.0的存在息息相关。而AIGC、NFT和VR被视为元宇宙和Web3.0时代下的三大基础设施。即AIGC是参与构成Web3.0生态圈的重要力量，在推动元宇宙应用场景落地方面起到不可或缺的作用。

图1-2　元宇宙与AIGC、Web3.0的关系

1.1.2　AIGC的商业价值

AIGC主要是为数字营销提供智能化支持，从而提高营销效果和ROI。AIGC的意义在于帮助企业更好地利用和管理数据，并将其转化为可操作的信息，同时满足消费者对于高品质、个性化和互动性的需求。因此，AIGC具有很大的商业价值，主要体现在以下几个方面。

1. 提高营销效率和精准度

AIGC 可以自动完成一系列营销活动，从分析用户数据到制定营销策略，再到创作和推广营销内容。这样可以大幅度提高营销效率和精准度，使企业能够更好地利用时间和资源，从而获得更好的营销效果。

例如，中国互联网巨头阿里巴巴旗下的淘宝和天猫平台就通过 AIGC 来制定个性化的营销策略和创作高质量的营销内容，从而提高用户黏性和转化率。

2. 提供更好的用户体验

AIGC 可以帮助企业为用户提供更加智能化、个性化的服务和产品，从而提高用户体验和满意度。通过深入了解用户的需求和兴趣，企业可以使用 AIGC 生成各种形式的内容，包括但不限于文字、图片、视频、音频等，以满足用户的需求。例如，使用"文心一言"App 中的"夸夸我"功能，针对同一个问题，如果因为对第一次的回答不够满意，可以重复提问或者进行结果反馈，系统会根据新的反馈需求生成其他结果，智能化的内容生成能够更加满足用户的需求，提升用户的体验，从而提升用户的使用频次和留存率等，如图 1-3 所示。

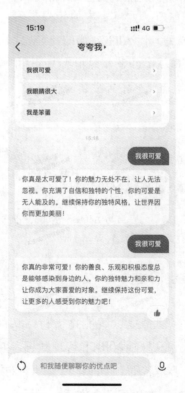

图 1-3　"文心一言"生成结果

3. 降低成本和风险

使用 AIGC 可以降低企业的运营成本和风险，避免人为因素带来的误差和损失。在数字营销中，AIGC 可以自动完成数据分析和处理、用户画像和营销策略制定等任务，从而减少人力和时间成本，并提高营销效果。例如，美国快递公司 UPS 使用 AIGC 来优化其物流配送系统，从而降低成本和提高效率。

4. 推动数字营销的创新

AIGC 可以帮助企业在数字营销中实现创新，为用户提供全新的体验和服务。通过自动化生成、处理和管理营销内容，企业可以更加灵活地应对市场变化和用户需求，从而实现数字营销的创新。例如，美国媒体集团 Tribune Publishing 使用 AIGC 来创作新闻稿件和编辑图片，实现数字新闻的创新和发展，如图 1-4 所示。

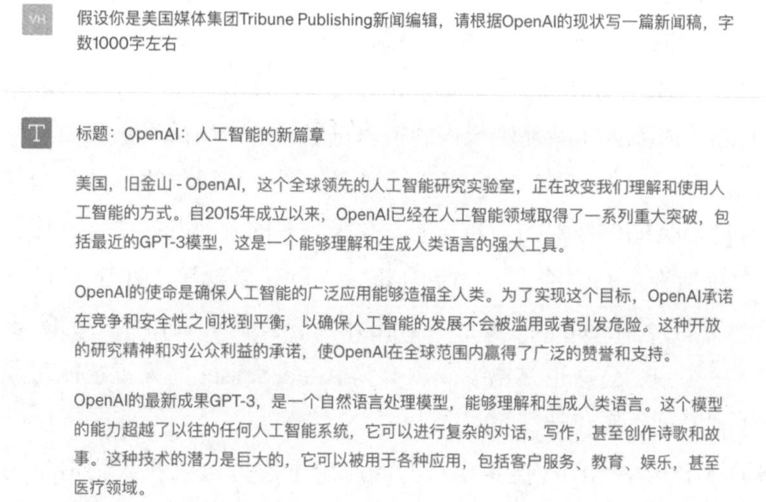

> VH　假设你是美国媒体集团Tribune Publishing新闻编辑，请根据OpenAI的现状写一篇新闻稿，字数1000字左右
>
> T　标题：OpenAI：人工智能的新篇章
>
> 美国，旧金山 - OpenAI，这个全球领先的人工智能研究实验室，正在改变我们理解和使用人工智能的方式。自2015年成立以来，OpenAI已经在人工智能领域取得了一系列重大突破，包括最近的GPT-3模型，这是一个能够理解和生成人类语言的强大工具。
>
> OpenAI的使命是确保人工智能的广泛应用能够造福全人类。为了实现这个目标，OpenAI承诺在竞争和安全性之间找到平衡，以确保人工智能的发展不会被滥用或者引发危险。这种开放的研究精神和对公众利益的承诺，使OpenAI在全球范围内赢得了广泛的赞誉和支持。
>
> OpenAI的最新成果GPT-3，是一个自然语言处理模型，能够理解和生成人类语言。这个模型的能力超越了以往的任何人工智能系统，它可以进行复杂的对话，写作，甚至创作诗歌和故事。这种技术的潜力是巨大的，它可以被用于各种应用，包括客户服务、教育、娱乐，甚至医疗领域。

图 1-4　ChatGPT 撰写新闻稿演示

总之，AIGC 的作用是多方面的，其在营销方面的主要目标是为数字营销提供智能化支持，提高营销效果和 ROI。在数字营销竞争激烈的今天，使用 AIGC 已经成为企业必不可少的选择。

1.1.3 AIGC技术的发展历程与趋势

互联网内容的生产方式经历了 PGC、UGC、AIGC 的演进过程。PGC 指的是由专业人员制作的内容，例如 Web1.0 和广播电视行业中专业人员生产的文字和视频，其特点是专业化，内容质量有保证。UGC 是由用户创造的内容，随着 Web2.0 的兴起而出现，其特点是用户可以自由上传内容，内容丰富。而 AIGC 是由人工智能生成的内容，具有自动化生产和高效性的特点。随着自然语言生成技术（NLG）和人工智能模型的成熟，AIGC 逐渐受到人们的关注。目前，AIGC 已经可以自动生成文字、图片、音频、视频，甚至 3D 模型和代码等内容。

1. AIGC技术的发展历程

AIGC 技术的出现可以追溯到 20 世纪 90 年代，当时，研究人员开始尝试使用计算机程序自动生成文本，这是 AIGC 技术的雏形。随着深度学习技术的发展，人工智能生成内容技术开始得到广泛的应用。2014 年，谷歌公司发布了一篇名为 Neural Machine Translation 的论文，提出了基于神经网络的机器翻译模型，这标志着人工智能生成内容技术进入了一个新的发展阶段。

在此之后，AIGC 技术开始应用于文字、图片和视频等不同类型的内容生成领域。随着 AIGC 技术的不断发展，越来越多的企业开始关注并应用这项技术，其中包括许多知名企业，如亚马逊、谷歌、微软等。2016 年，谷歌公司推出了一个名为 Magenta 的项目，旨在开发一种基于机器学习的音乐生成技术。同年，Adobe 公司也推出了一款名为 AdobeSensei 的人工智能生成内容平台，用于辅助创作和设计。

到了 2018 年，AIGC 技术已经开始应用于虚拟角色和人物造型的生成领域，其中包括"AI 造人"等项目，这标志着 AIGC 技术在虚拟人物和角色生成领域取得了重要突破。AIGC 技术的发展将极大地推动元宇宙技术的发展，因为在元宇宙中，需要大量的数字原生内容，并且这些内容需要由人工智能来帮助完成创作。

目前，我国还处于 AIGC 发展的初期阶段，竞争趋势不明显，需要调整开发、资金等投入，寻求整体生态的快速搭建。预计从 2022 年 5 月（本书写作时）到 2030 年，AIGC 在我国的产业发展会经历三个阶段，如表 1-1 所示。

表 1-1　AIGC 在我国的产业发展会经历三个阶段

时间段	描述	特点	发展趋势
2023—2025 年	培育摸索期	处于验证和探索期	底层大模型发展加速，中间层尚未出现相关玩家，上层应用迅速出现，但技术尚未稳定达到实际生产环节的水平
2025—2027 年	蓬勃应用期	基本价值创作路径和技术思路得到确认，行业普遍尝试应用人机共创	底层大模型和中间层模型主要玩家基本确定，开放 API 增加，整体入局玩家增多，尤其是大量应用层玩家
2028—2030 年	整体加速期	延展价值得到充分发挥，和其他业务系统进行紧密连接，会有相关初创公司产生完整解决方案	AIGC 成为内容创作领域的基础设施，催生出完全不同的新业态

2. AIGC技术的发展趋势

在未来，AIGC 技术将继续向更深层次的应用领域发展，例如智能客服、智能写作等领域。同时，AIGC 技术也将与其他人工智能技术结合，实现更高效、更精准的内容生成。

随着 AIGC 技术的不断进步和应用场景的不断扩展，其未来发展充满了无限可能。以下是几个可能的发展趋势。

● 更加个性化和情感化的内容生成。

随着 AIGC 技术的不断发展，我们可以预见到生成的内容将会更加个性化、多样化，甚至会具有情感和情绪色彩。这将使得 AIGC 技术可以更好地服务数字经济和元宇宙的发展，为用户提供更加优质的体验和服务。

● 多模态内容生成。

随着 AIGC 技术的不断创新和完善，我们可以预见未来 AIGC 技术将会具有多模态的生成能力，即可以同时生成文字、图片、音频、视频等多种类型的内容，从而更好地满足用户的需求和期望。

● 更广泛的应用场景。

随着 AIGC 技术的不断发展，其应用场景也将不断扩大，例如在虚拟人物和角色生成、虚拟现实、增强现实等领域将会得到广泛应用。此外，也有可能会出现一些新的应用场景和商业模式，让 AIGC 技术得到更广泛的应用和发展。

● 逐步实现自主创作。

最终，我们可以预见 AIGC 技术将会逐步实现自主创作，即完全由人工智能来生成和创作内容。当 AIGC 技术具有足够的智能和创造力时，它可以自主地生成、编辑、优化内容，并在一定程度上替代人类的创造力，创作出更具创新性和想象力的内容。这将对数字经济和元宇宙的发展带来深远的影响，可能会带来一个全新的内容生态和商业模式。

然而，同时也应注意到 AIGC 技术的发展过程中面临的一些挑战和问题。在 AIGC 技术的发展过程中，需要加强对技术的监管和应用的规范。尤其是在一些敏感领域，例如新闻、政治、人类价值观等方面，需要加强对 AIGC 技术的监管，防止技术被滥用，对社会造成负面影响。此外，也需要加强对 AIGC 技术的专利保护，促进技术的创新和发展。例如，如何解决自然语言生成的质量和可信度问题，如何实现对 AIGC 生成的内容的监管和规范，如何保护 AIGC 技术的知识产权和专利等，都需要我们去思考和解决。

总之，AIGC 技术作为一项具有广泛应用前景的人工智能技术，其发展历程和未来都充满着潜力和机遇。随着技术的不断创新和发展，AIGC 技术将会成为推动数字经济和元宇宙技术发展的重要推手，带来更多商业化和社会化的价值。

1.2 AIGC 营销

AIGC 营销（Artificial Intelligence Generated Content Marketing）是指利用人工智能技术生成和推广内容的营销策略。它将人工智能技术与营销相结合，以自动化和智能化的方式生成、优化和传播内容，以达到营销目标。随着人工智能技术的快速发展和应用，AIGC 营销成为营销领域的一种创新方式。它通过利用机器学习、深度学习和自然语言处理等人工智能技术，以自动化、智能化的方式生成和优化内容，并将其传播给目标受众。本节会带领大家了解 AIGC 营销定义、特点应用场景等，帮助各位深入理解 AIGC 对于营销产生的变革和影响。

1.2.1 AIGC营销的特点

AIGC 营销的特点包括自动化生成、智能优化、多样化和个性化、实时响应和快速调整、提高效率和节省成本等，如图 1-5 所示。

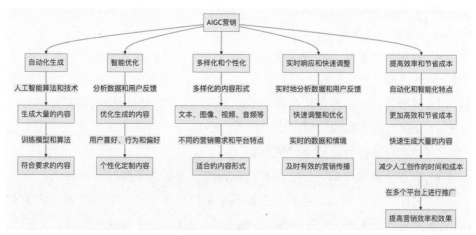

图 1-5　AIGC 营销的特点

自动化生成。AIGC 营销利用人工智能算法和技术，可以自动生成大量的内容，从而减轻人工创作的负担。通过训练模型和算法，AIGC 能够根据预设的规则、目标和数据输入生成符合要求的内容。

智能优化。AIGC 营销通过分析数据和用户反馈，利用机器学习和深度学习等技术对生成的内容进行优化。它可以根据用户喜好、行为和偏好来个性化定制内容，从而提高内容的吸引力和影响力。

多样化和个性化。AIGC 营销可以生成多样化的内容形式，包括文本、图像、视频、音频等。它可以根据不同的营销需求和平台特点，生成适合的内容形式，并实现个性化的营销推广。

实时响应和快速调整。AIGC 营销可以实时地分析数据和用户反馈，根据市场变化和用户需求进行快速调整和优化。它可以根据实时的数据和情境生成内容，提供及时有效的营销传播。

提高效率和节省成本。AIGC 营销的自动化和智能化特点使得内容生成和推广过程更加高效和节省成本。它可以快速生成大量的内容，减少人工创作的时间和成本，并且可以在多个平台上进行推广，提升营销效率和效果。

总体而言，AIGC 营销利用人工智能技术的优势，以自动化、智能化和个性化的方式生成和推广内容，提升营销效率和效果，实现更好的用户体验和品牌影响力。

【知识拓展】AI 营销与 AIGC 营销的区别。

AI 营销和 AIGC（智能化内容生产）营销虽然有一些重叠，但它们在重点和应用方面存在一些区别：

- 范围和侧重点：AI 营销是指利用人工智能技术和算法来优化营销策略和决策的整体过程，包括使用 AI 技术进行市场分析、数据挖掘、预测模型建立、个性化推荐等各个环节。而 AIGC 营销则是 AI 营销中的一个具体应用领域，侧重于利用 AI 技术生成各种形式的智能化、个性化内容来提高用户体验和满意度。

- 内容生成和个性化：AI 营销的范围广泛，涵盖多种技术和方法，不仅包括内容生成，还包括数据分析、用户行为预测、广告投放优化等多个方面。AIGC 营销的核心是利用 AI 技术生成个性化的内容，包括文字、图片、视频、音频等。它通过深入了解用户需求和兴趣，自动化地生成符合用户个体化需求的内容，从而提供定制化的体验。

- 应用领域和目标：AI 营销可以应用于各个行业和领域，包括电子商务、金融、医疗、媒体等，它的目标是通过运用 AI 技术提升市场营销的效果和效率。而 AIGC 营销更加注重在内容领域的应用，适用于需要个性化内容提供的行业，如电子商务、社交媒体、娱乐等，旨在通过智能化的内容生成提升用户体验和参与度。

综上所述，AI 营销是一个更广泛的概念，而 AIGC 营销则是 AI 营销的一个具体应用领域，重点在于利用 AI 技术生成智能化、个性化的内容。

1.2.2　AIGC营销的应用

AIGC 技术在营销领域的应用越来越受到关注。在当今数字营销时代，内容营销已成为企业获取客户的重要手段之一。利用 AIGC 技术，企业可以快速生成大量高质量的内容，提高内容生产效率，降低内容制作成本，从而更好地吸引和留住客户。以下是 AIGC 在营销方面的应用场景。

1. 自动化内容创作

利用 AIGC 技术，企业可以快速地自动生成大量的营销文案，如广告语、社交媒体推文、博客文章等，这种自动化的内容创作方式不仅提高了内容生产效率，而且节省了人力成本。通过对目标受众和行业趋势的分析，AIGC 可以创建高度相关且具有吸引力的文案，提高营销效果和用户参与度。例如，一家名为 Wordsmith 的公司开发了一种名为"自动化文章生成器"的软件，可以根据用户提供的数据自动生成新闻、博客等文章；国内一家名为 HeyFriday 的平台可以根据不同的媒体要求智能化生成软文，如图 1-6 所示。

图 1-6 HeyFriday 智能化生成文章界面

2. 智能推荐系统

AIGC 技术可以利用用户的历史行为和数据分析，为用户推荐个性化的内容，提高用户体验，从而提高客户黏性。例如，淘宝利用 AIGC 技术，为用户推荐个性化的商品，提高了销售转化率和客户满意度。

3. 智能客服机器人

利用 AIGC 技术，企业可以开发智能客服机器人，通过自然语言处理技术，为客户提供快速、准确的解答。智能客服机器人不仅可以降低客服人员的工作负担，提高客户服务质量，还可以为企业节省客服成本。例如，中国电信就利用 AIGC 技术开发了名为"小知"的智能客服机器人，如图 1-7 所示。

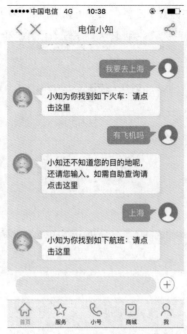

图 1-7　电信智能客服"小知"

4. 广告创意生成

利用 AIGC 技术，可以自动生成广告文案、设计广告图片等，提高广告创意的效率和质量。例如，抖音的广告平台巨量引擎开发了一种 AI 工具妙笔，可以智能化地自动生成广告标题文案以及视频内容，提高广告创意效果，如图 1-8 所示。

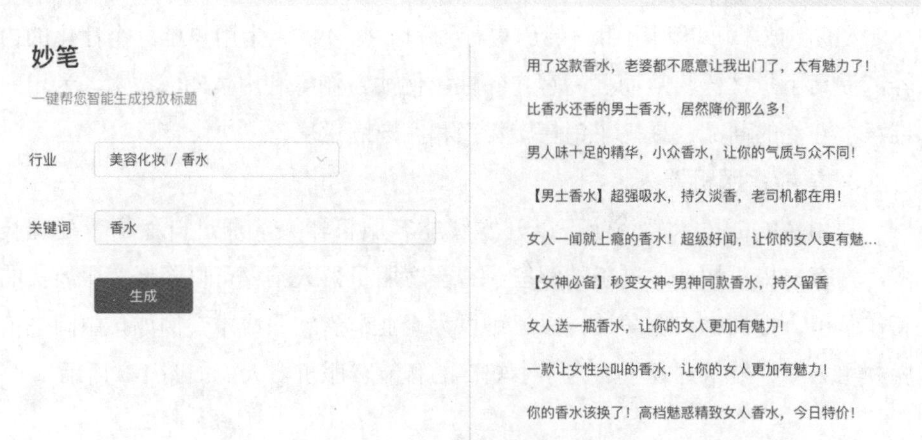

妙笔

一键帮您智能生成投放标题

行业	美容化妆 / 香水
关键词	香水

生成

用了这款香水，老婆都不愿意让我出门了，太有魅力了！

比香水还香的男士香水，居然降价那么多！

男人味十足的精华，小众香水，让你的气质与众不同！

【男士香水】超强吸水，持久淡香，老司机都在用！

女人一闻就上瘾的香水！超级好闻，让你的女人更有魅…

【女神必备】秒变女神~男神同款香水，持久留香

女人送一瓶香水，让你的女人更加有魅力！

一款让女性尖叫的香水，让你的女人更加有魅力！

你的香水该换了！高档魅惑精致女人香水，今日特价！

图 1-8　抖音妙笔智能化广告标题生成

5. AI换脸/数字脸

AI换脸是一种利用人工智能技术替换视频中人物的脸部，使其看起来像其他人的技术。这项技术已经在影视、广告等领域得到了广泛应用，有很多开源的平台有非常丰富的数字人脸库。在营

销领域中，企业可以利用AI换脸技术，将视频中人物的面孔替换为数字人的面孔，从而降低代言成本，提高品牌知名度和营销效果。例如，KFC在中国利用AI换脸技术，将短视频中人物的面孔替换为企业代言人的面孔，创作了一段名为"劳动最光荣"的广告，获得了广泛的关注和讨论，如图1-9所示。

图1-9 AI数字脸

6. 虚拟人

虚拟人（也称数字人）是一种利用人工智能技术生成的具有人类形态和行为特征的虚拟角色。虚拟人可以用于品牌代言、产品演示、客户服务等领域。例如，Soul Machines开发了一个名为Digital DNA Studio的虚拟人平台，可以生成与真人相似的虚拟人角色，用于品牌代言、客户服务等领域；国内的腾讯智影的数字人技术也比较成熟，而且操作简便，如图1-10所示。虚拟人可以有效地提高品牌的影响力和形象，为企业带来更多商业价值。

图1-10 腾讯智影平台数字人

以上是关于 AIGC 应用于营销的一些场景，除此之外，还有一些新兴领域的创新性营销方法，比如表情包生成、产品 logo 设计等，所以 AIGC 应用场景非常广泛，也有待更多的读者、学者去探索和挖掘。

1.2.3　AIGC营销的现状

随着人工智能技术的飞速发展，AIGC 已经成为营销领域的一股新兴力量。生成式 AI 通过快速生成大量内容，自动生成吸引用户的内容，从而提高营销效果。AIGC 在营销领域的现状呈现出多样化的应用和广泛的发展趋势。

目前，AIGC 在营销领域的应用已经取得了显著成果，并逐渐受到业界的关注。由于 AIGC 技术在营销领域的应用是一个不断发展和变化的过程，所以具体的用户数量难以精确统计。但我们可以通过一些行业报告和趋势来了解 AIGC 技术在营销领域的普及程度。

首先，AIGC 技术的应用在全球范围内得到了广泛关注。许多大型企业和创业公司开始将 AIGC 技术纳入营销战略，推出各种 AI 驱动的营销工具和服务。与此同时，越来越多的中小企业也开始尝试使用 AIGC 技术优化营销活动。

根据一项研究，约有 77% 的营销人员表示，他们认为 AI 对营销行业的影响至关重要，而 58% 的营销人员已经在实际工作中使用 AI 技术。举一个实际应用的案例：美国一家名为 Persado 的公司，专门为广告客户提供 AI 生成的营销文案。据悉，Persado 已经为包括美国运通、eBay、迪斯尼等在内的全球领先品牌提供了服务，使这些品牌的营销活动取得了更好的效果。在某些情况下，Persado 使用 AI 技术生成的文案的广告点击率提高了 68.4%。

在人们的认知水平方面，越来越多的营销从业者开始认识到 AIGC 技术的潜力。根据一项调查，近 90% 的营销从业者认为，未来几年内，AI 将成为营销领域的主要驱动力之一。

在接受程度方面，尽管部分营销从业者可能对 AIGC 技术的应用持谨慎态度，担心其可能带来的负面影响，但大部分营销从业者已经开始尝试并逐步接受这一技术。例如，许多品牌已经开始使用 AI 生成的图像和视频来替代传统的设计方法，以降低成本和提高生产效率。

在使用范围方面，AIGC 技术已经广泛应用于广告、内容营销、个性化推荐、智能客服等多个领域（如1.2.2节所述）。随着技术的不断发展和完善，AIGC在营销领域的应用范围有望进一步扩大。

AIGC技术在营销领域的现状表现为快速发展和广泛应用。越来越多的企业和营销从业者开始关注和尝试使用AIGC技术来优化营销活动，提高营销效果。随着AIGC技术的进一步成熟，其在营销领域的应用将变得更加普及。

此外，一些市场调查机构预测，未来几年，企业在AIGC营销领域的投资将持续增长。例如，一项报告预测，到2025年，全球AIGC驱动的营销市场规模将达到190亿美元，复合年增长率（CAGR）约为30%。

1.2.4　AIGC营销的挑战

尽管AIGC为营销领域带来了诸多便利，但同时也面临一些挑战和风险。

1. 数据安全和隐私泄露

AIGC技术在营销应用中需要大量收集和处理用户数据，这可能导致数据安全和隐私泄露的风险。企业需要确保在使用AIGC技术的过程中遵循相关法规，如2023年5月29日，在全国信息安全标准化技术委员会2023年第一次标准周"人工智能安全与标准研讨会"上，信安标委大数据安全标准特别工作组发布的《人工智能安全标准化白皮书（2023版）》等。

2. 法律责任和归属问题

AIGC技术生成的内容可能涉及版权、知识产权等法律问题。企业需要明确AI生成内容的法律责任和权益归属，以防止法律纠纷。

3. 技术成本和人才短缺

AIGC技术的发展和应用需要大量的投资、高性能计算资源以及专业人才。尤其是中小企业，可能面临技术成本过高和人才短缺的问题。因此，降低技术成本和推进人才培养成为AIGC技术发展关键。

4. 伦理和道德问题

AIGC技术在营销领域的应用可能引发伦理和道德争议。例如，AI生成的内容可能存在偏见、歧视等问题，损害用户利益。此外，透明度和可解释性也是AIGC技术面临的挑战，用户有权了解AI生成内容的来源和依据。

5. 用户疲劳和信息过载

随着AIGC技术在营销领域的普及，用户可能面临信息过载和推广内容泛滥的问题。如何确保 AI 生成内容的创新性和有效性，避免用户疲劳，是营销人员需要关注的问题。

面对这些挑战和风险，企业和政府应加强监管，制定相关法律法规，确保 AIGC 技术在营销领域健康发展。同时，研究人员和从业者也需要关注技术进步和伦理道德，以期在提高营销效果的同时，保护用户利益和保持公平竞争。

1.3　AIGC 营销与传统营销的对比

AIGC 营销与传统营销相比，涉及人工智能技术的运用，为营销领域带来了新的思路和优势。本节将重点探讨 AIGC 营销与传统营销相比的优势和劣势，帮助读者更好地理解 AIGC 营销的独特之处。

1.3.1　AIGC营销与传统营销相比的优势

AIGC 营销相较于传统营销具有许多优势，这些优势使其成为当今营销领域的重要趋势。以下是 AIGC 营销相对于传统营销的几个显著优势。

1. 提升内容生成的效率，节省成本

AIGC 能够大大提高内容生成的速度和效率，节省人力和时间成本。

- AI 技术辅助策划和执行：AIGC 利用 AI 技术进行市场分析、策划、推广和销售等，提高效率，减少人力资源成本。
- 实时响应市场变化：AIGC 能够快速捕捉市场变化和消费者需求，实现实时调整和优化营销策略。
- 降低人力资源成本：AIGC 通过自动化和智能化的方式完成营销环节，降低对人力资源的依赖，从而降低成本。

2. 数据驱动，提供更准确的营销方向

AIGC 能够通过分析消费者行为和喜好来生成更具针对性和吸引力的营销内容，提供更准确的营销方向。

- 实时收集和分析客户数据：AIGC 能够实时收集和分析消费者行为、偏好等数据，为营销策略优化提供依据。
- 优化营销策略和方案：基于数据分析结果，AIGC 可以对现有营销策

略进行优化和调整，提高营销效果。

- 精准预测市场趋势：AIGC 能够利用大数据和 AI 技术精准预测市场趋势，为企业制定营销策略提供参考。

3. 为每个用户个性化推荐，提高用户满意度

AIGC 可以根据每个用户的兴趣和行为特点生成个性化的推荐内容，提高用户的参与度和满意度。

- 客户画像精准细分：AIGC 能够根据用户行为、兴趣、偏好等多维度信息进行精准的客户画像细分。
- 针对性营销推荐：AIGC 能够根据不同用户画像推送个性化的营销内容，提高营销效果和转化率。
- 提高转化率：通过个性化营销策略，AIGC 能够更好地满足消费者需求，从而提高营销转化率。

4. 丰富的营销渠道

AIGC 可以实现多渠道的营销方式，如下：

- 跨平台推广：AIGC 能够实现跨平台的营销推广，包括社交媒体、移动应用、在线广告等多种渠道。
- 多样化的营销手段：AIGC 支持多种营销手段，如内容营销、社会化营销、直播营销、短视频营销等，以满足不同消费者的多元化需求。
- 提高品牌曝光率和知名度：AIGC 通过多样化的营销渠道和手段，有效提高品牌的曝光率和知名度，从而提升企业形象。

5. 营销自动化

AIGC 营销的自动化是指利用人工智能技术和自动化工具来实现营销过程的自动化和优化。这一点其实是上面几个优势综合起来的自然结果。通过 AIGC 技术，可以自动化地生成、分析和优化营销内容，从而提高工作效率、减少员工工作负担，并实现更精准、个性化的营销策略。

- 自动优化：AIGC 可以实时分析营销内容的效果，根据反馈自动优化内容和策略，实现更高效的营销投入。
- 创意无限：AIGC 可以通过算法生成无限的创意组合，为营销团队提供丰富的灵感和素材。
- 可扩展性：AIGC 具有很强的可扩展性，可以轻松应对各种规模的营销需求。AIGC 技术可以生成多样化、个性化、创新性的内容，可以帮

助企业实现创新营销。

AIGC 与传统营销的优势表现在高效的策划与执行、个性化营销策略、数据驱动优化和丰富的营销渠道。AIGC 利用 AI 技术和大数据分析，实现实时响应市场变化和精准满足消费者需求的功能，具有较强的竞争优势。相较于传统营销，AIGC 能够降低人力资源成本、提高营销效果和转化率，为企业创造更大的价值。但是，需要注意的是，AIGC 在某些场景下可能缺乏人类的情感和判断力。因此，结合 AIGC 和传统营销的优势，实现人机协同，将更有利于企业实现营销目标。

1.3.2　AIGC营销与传统营销相比的劣势

AIGC 营销与传统营销相比存在一些劣势，这些劣势可能会对企业的营销策略和效果产生影响。然而，我们需要意识到，这些劣势并不是无法克服的挑战，而是可以通过适当的策略和方法来解决。以下是一些 AIGC 营销相对于传统营销的劣势。

1. 缺乏人类情感和创造力

传统营销往往依赖人类的情感表达和创造力，通过人工制作内容来触动用户的情感和共鸣。相比之下，AIGC 营销所生成的内容可能缺乏人类情感的深度和创造力的独特性，使得用户难以建立真实的情感连接。

然而，通过在 AIGC 系统中引入情感分析技术和艺术创作的指导，可以增强生成内容的情感表达和创造力。此外，人工编辑和审查也可以用来提升内容的质量和人性化。

2. 数据依赖性和隐私问题

AIGC 营销需要大量的用户数据作为输入，以了解用户的需求和兴趣。然而，这种数据依赖性可能引发用户隐私问题和数据安全风险。用户可能对个人数据被收集和使用感到担忧，从而对 AIGC 营销产生抵触情绪。

为了解决这个问题，企业应该加强对用户数据的保护和扩大隐私政策的透明度。明确告知用户数据收集的目的和使用方式，并确保符合相关法律法规的隐私保护标准，以赢得用户的信任和支持。

3. 技术依赖和复杂性

AIGC 营销需要先进的人工智能技术和系统支持，包括自然语言处理、计算机视觉等领域。这些技术的应用和维护可能需要专业团队和高昂的成本投入，对企业而言存在一定的技术依赖性和复杂性。

　　然而，随着人工智能技术的不断发展和普及，AIGC营销的技术门槛正在逐渐降低。企业可以借助云计算和第三方平台的支持，以更低的成本和更简单的方式实施AIGC营销。

　　虽然AIGC营销相对于传统营销存在一些劣势，但通过克服这些劣势，利用人工智能技术和人类的创意能力相结合，企业可以实现更智能化、个性化的营销策略，提升用户体验和满意度，从而获得竞争优势。因此，企业应积极应对这些劣势，不断创新和改进，以更好地利用AIGC营销的潜力。

第 2 章　常用的 AIGC 工具

在本章中，我们首先将详细介绍国内外的智能化内容生成工具，包括文字、图像、音频和视频工具的应用情况，包括 2024 年爆火的 Sora、Kimi 以及 Suno 等。接着我们将探讨 AIGC 的数据分析工具，并介绍其在实际应用中的效果。再次，我们将重点关注 AIGC 营销的应用工具，特别是交互式应用工具，通过具体案例分析展示其在营销领域的应用价值。最后，我们将对 AIGC 工具进行综合评估，比较其优缺点，帮助读者更好地理解和选择适合自己业务需求的工具。

2.1　智能化的内容生成工具

智能化的内容生成工具是 AIGC 技术的应用之一，能够自动生成文字、图像、音频和视频等多种类型的内容。本节将重点介绍各种内容生成工具，包括国内的和国外的。因为涉及的 AI 工具比较多，本节只挑选部分常用的工具进行介绍。

2.1.1　文字生成工具

利用 AIGC 技术，能够自动产生高质量的文章、新闻、评论、推文等文字内容，为内容创作者提供便捷和高效的创作方式。

下面介绍国内外几款常用的文字生成工具的功能和使用方法。

1. Kimi

具体内容请扫描下面二维码阅读。

2. 秘塔写作猫

秘塔写作猫是一款创新的文字生成工具，它基于先进的 AIGC（人工智能生成内容）技术来协助用户进行写作。这款工具的核心功能是能够根据用户提供的关键词和特定要求，生成相应的文章段落和创意内容。它的操作界面友好，能为用户带来优质的写作体验。

秘塔写作猫的最大特点是其强大的语言理解和模仿能力，它能够理解用户的语言和写作需求，并按照用户的意愿生成满足特定风格和主题的文本。而且，无论是形式还是内容，它都能准确捕捉用户的写作意图，提供高质量的文字输出。

此外，秘塔写作猫还提供了一系列智能功能，包括文本纠错、改写润色、自动续写和智能配图等。这些功能不仅能提高用户的写作效率，还能确保文本的质量，帮助用户克服写作障碍，轻松实现高效创作。

秘塔写作猫集合了国内外优秀的 AI 技术，其目标是为用户提供一个全面、方便的写作工具，帮助用户破除写作瓶颈，提高创作效率。

要使用秘塔写作猫，用户可以访问其官方网站，在官网中用户可以了解更多关于这款产品的详细信息，同时也可以直接在线使用其提供的服务。

总体来说，秘塔写作猫是一款全方位的写作助手，能够满足用户在写作过程中的各种需求。无论是创意写作、学术写作，还是商业写作，秘塔写作猫都能提供专业级的支持，帮助用户实现高效、优质的写作。秘塔写作猫的登录及收费情况如下：

- 登录网址：https://xiezuocat.com。
- 登录形式：微信、手机号码或者账号密码登录。
- 是否收费：用户注册之后可以使用免费版，限额 8000 字 / 天，基本可以满足普通用户需求；如果是自媒体作者，可以使用付费的高级版本，具体可以参考官网信息；如果是企业购买给员工使用，可以购买企业账号。

秘塔写作猫提供了各类 AI 写作模板，方便创作。在首页单击"AI 写作"按钮，即可快速访问模板进行写作，如图 2-1 所示。或者在文档编辑器中，单击右上角的方块图标，也可随时调出模板列表。选择合适的模板，根据提示，按步骤完成对摘要和大纲的确认后，就可以得到一篇完整的文章。

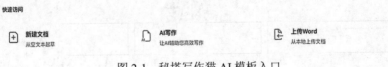

图 2-1　秘塔写作猫 AI 模板入口

模板类型包括全文写作、广告语、论文灵感、文献推荐、小红书种草文案、方案报告、短视频文案、产品评论等，用户可以根据自己的需求选择合适的模板，如图 2-2 所示。

　　如果不习惯每次切换到秘塔写作猫的网页，可以下载浏览器插件，如图 2-3 所示。这是秘塔写作猫自己独有的特色，秘塔写作猫插件能大幅提升用户在浏览网页过程中进行知识检索、翻译、内容创作的效率，在任意网页中，通过快捷键"Ctrl + M"即可调出插件，使用 AI 驱动的工具，即可在多种场景下使用，如在线写作、检索信息、阅读文献等。

全文写作

按步骤快速创建一篇完整的文章

广告语

为您的产品头脑风暴出有创意的广告宣传语

论文灵感

让论文写作更高效

文献推荐

输入任何线索，返回相关文献

小红书种草文案

根据产品特点，生成爆款笔记

方案报告

快速书写报告、方案、公文、总结、计划、体会等

图 2-2　秘塔写作猫 AI 模板类型

浏览器插件

浏览器插件安装后，写作猫可以帮您检查邮件、文章、帖子

谷歌浏览器插件

专为谷歌浏览器设计的插件

下载插件　▶ 点击观看写作猫插件安装指引

Microsoft Edge浏览器插件

专为Microsoft Edge浏览器设计的插件

下载插件　▶ 点击观看写作猫插件安装指引

搜狗浏览器插件

专为搜狗浏览器设计的插件

下载插件　▶ 点击观看写作猫插件安装指引

QQ浏览器插件

专为QQ浏览器设计的插件

下载插件　▶ 点击观看写作猫插件安装指引

图 2-3　秘塔写作猫浏览器插件下载页面

下面以为伊利安慕希蓝莓口味牛奶撰写短视频文案为例，介绍使用 AI 写作模板的操作步骤。

（1）选择"短视频文案"模板；主题 / 产品描述为浓郁、健康、口感细腻、多种口味、营养丰富；文案长度为中，如图 2-4 所示。

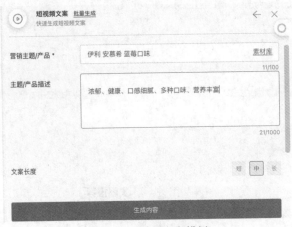

图 2-4　短视频文案模板

（2）单击"生成内容"按钮，即可直接生成短视频文案，如图 2-5 所示。

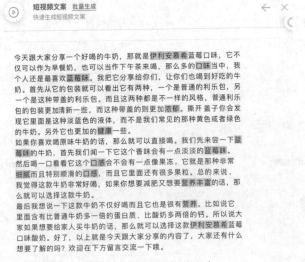

图 2-5　生成的短视频文案

说明： 以上内容由 AI 生成，不代表作者观点，文本内容需用户自行修改之后使用。

3. 万彩AI

万彩 AI 是由广州万彩信息技术有限公司推出的一款人工智能文案编写工具，这款工具的目标用户是那些在写作上可能遇到困难或者缺乏灵感的创作者。它可以在短时间内快速生成可直接使用的文案，提升用户的写作效率，达到显著的效果。据统计，使用万彩 AI 编写的文案准确率高达 99%，并能使文案编写效率提升 90%。

万彩 AI 具有以下广泛且强大的功能。

（1）商业文书写作：包括商业风险分析、商业计划书、品牌推广策划、危机公关文案、市场调研报告等。同时，它还提供多模型 AI 分析助手，帮助用户从各个角度深入理解和分析商业问题。

（2）文章博客创作：该功能涵盖文章标题创作、内容大纲制定、文章开头段落编写、文案润色和 AI 智能改写等。

（3）课堂教学帮手：万彩 AI 能够生成教案、说课稿、课题灵感、PPT 大纲、导学案设计、课堂互动设计、主题班会设计、教学工作计划和总结、知识点解析、家长会设计、作文出题等内容。

（4）广告营销文案撰写：万彩 AI 可以帮助用户编写各种营销文案、产品 Slogan、AI 客服回复、商家回复、广告标语等，还可以进行卖点挖掘、产品简介编写、SEM 竞价广告设计等。

（5）自媒体文章生成：无论是社交媒体、小红书种草文、抖音脚本、知乎风格回答，还是公众号文章，万彩 AI 都能快速生成高质量的内容。

万彩 AI 能够满足用户在各种写作场合中的需求，是一个真正全面、高效、精准的 AI 写作工具。万彩 AI 的登录及收费情况如下：

- 登录网址：https://ai.kezhan365.com/。
- 登录形式：微信、手机号码或者账号密码登录。
- 是否收费：注册成功之后就可以免费使用万彩 AI 平台上的模板，如果充值付费会员可以享受无限次创作、超低延迟、极速生成等功能，付费会员分为月度会员（18 元 / 月）和年度会员（99 元 / 年）。

下面使用模板撰写文案的操作方法。

（1）在"写作模板"中选择合适的模板，如图 2-6 所示。

（2）选择"营销推广"模板，在左侧的操作面板上，用户可以输入目标产品和受众群体，初次使用可以直接使用示例，例如输入产品描述"长续航的儿童智能手表"，目标人群为"家长"，如图 2-7 所示。

（3）系统会根据描述智能化地生成两条营销文案，如图 2-8 所示，为了达到理想的生成效果，可以尽量描述详细。

图 2-6   万彩 AI 模板选择界面

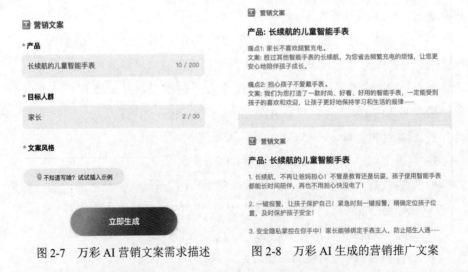

图 2-7   万彩 AI 营销文案需求描述   图 2-8   万彩 AI 生成的营销推广文案

（4）单击对应的文案，可以展开看到详细内容，如图 2-9 所示。如果想要调整内容，或者查看下一条或重新生成新的文案，单击对应的按钮即可；如果用户觉得文案内容符合要求，可以复制使用。

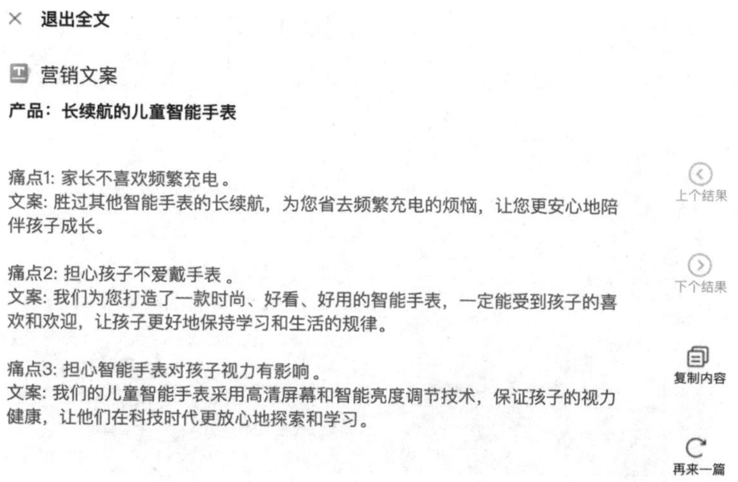

× 退出全文

▣ 营销文案

产品：长续航的儿童智能手表

痛点1: 家长不喜欢频繁充电。
文案: 胜过其他智能手表的长续航，为您省去频繁充电的烦恼，让您更安心地陪伴孩子成长。

痛点2: 担心孩子不爱戴手表。
文案: 我们为您打造了一款时尚、好看、好用的智能手表，一定能受到孩子的喜欢和欢迎，让孩子更好地保持学习和生活的规律。

痛点3: 担心智能手表对孩子视力有影响。
文案: 我们的儿童智能手表采用高清屏幕和智能亮度调节技术，保证孩子的视力健康，让他们在科技时代更放心地探索和学习。

〈 上个结果

〉 下个结果

▤ 复制内容

C 再来一篇

图 2-9 万彩 AI 文案详情

【提示】用户也可以在该界面切换模板类型，在页面左侧导航栏选择即可，如图 2-10 所示。

3. 文心一言

文心一言（英文名 ERNIE Bot）是百度全新一代知识增强大语言模型，是文心大模型家族的新成员，能够与人对话互动、协助创作，高效便捷地帮助人们获取信息、知识和灵感。文心一言基于飞桨深度学习平台和文心知识增强大模型，持续从海量数据和大规模知识中融合学习，具备知识增强、检索增强和对话增强的技术特色。文心一言于 2023 年 3 月 27 日上线，也是国内各大互联网公司首先官宣的类似 ChatGPT 功能的智能文本生成工具。除此之外国内还有类似的工具，比如阿里巴巴的通义千问、商汤科技的日日新等。文心一言的登录及收费情况如下：

🔍 搜索模板

全部　文章写作　小红书
社交媒体　教学帮手
营销推广　商业文书

◉ 朋友圈营销

🔒 商品刷好评

🖼 海报文案

🗂 产品推文

🔴 电商文案

图 2-10 万彩 AI
左侧导航栏

- 登录网址：https://yiyan.baidu.com，百度文心一言已于 2023 年 8 月 31 日向全社会开放，用户直接登录即可，App 发现界面如图 2-11 所示。
- 登录形式：手机号码登录即可，同百家号账号。
- 是否收费：暂时不收费，如果生成图片的话需要充值。

文心一言的 PC 端工作界面如图 2-12 所示。

图 2-11　文心一言 App 发现界面　　　图 2-12　文心一言对话页面

4. ChatGPT

ChatGPT，由 OpenAI 研发并于 2022 年 11 月 30 日发布，是一款基于人工智能技术的自然语言处理工具，它能够理解和学习人类的语言，并进行对话交流，甚至能完成撰写邮件、视频脚本、代码，以及翻译、写论文等任务。ChatGPT 不仅具有对话功能，还能根据聊天的上下文进行互动，为用户提供真实的人类交流体验。2023 年 1 月，ChatGPT 的月活用户已突破 1 亿，成为历史上增长最快的消费者应用。

ChatGPT 的出现，不仅改变了人们对人工智能的认知，也推动了相关技术的发展。它的成功引发了人工智能领域的竞争，推动了 Google 等公司的聊天机器人技术的发展。同时，ChatGPT 也引发了一些争议，例如其对事实的准确性、对用户隐私的保护等问题。

总体来说，ChatGPT 是一款具有划时代意义的人工智能产品，它的出现不仅推动了人工智能技术的发展，也为人们提供了全新的交流体验。然而，随着其被广泛应用，也引发了一系列的问题和挑战，需要我们共同面对和解决。

ChatGPT 的登录及收费情况如下：

- 登录网址：https://chat.openai.com，单击 Log in 按钮登录进入即可，如图 2-13 所示。注册过程涉及 VPN 连接，注册时使用邮箱和手机号码注册，设置好密码即可注册成功 ChatGPT 3.5 版本，如果需要使用更高版本和插件功能，需要购买 PLUS 付费版本。

图 2-13　ChatGPT 登录页面

- 登录形式：邮箱注册登录，建议使用谷歌邮箱。
- 是否收费：ChatGPT 3.5 版本可以免费试用；ChatGPT 4.0 版本需要付费，20 美元 / 月，2023 年 5 月上线了插件功能，可以支持阅读链接内容、图表生成等，界面如图 2-14 所示。

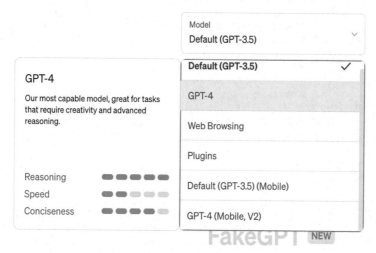

图 2-14　ChatGPT 的 newchat 页面

使用 ChatGPT 4.0 生成内容的操作方法如下。

（1）打开 ChatGPT 4.0 网页版，如图 2-15 所示。

Model
GPT-4
FakeGPT NEW
GPT-4 currently has a cap of 25 messages every 3 hours.
Send a message...
This service is not an official OpenAI service. Powered by Pandora

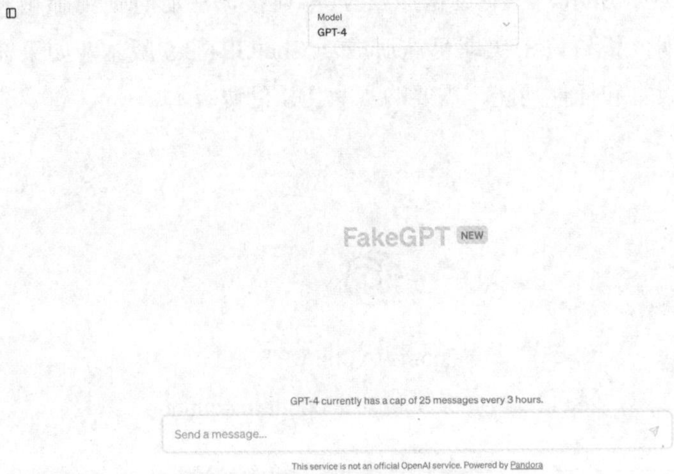

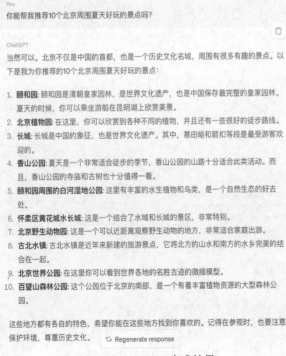

图 2-15　ChatGPT 4.0 对话界面

（2）在输入框中输入对话内容，生成内容如图 2-16 所示。

You
你能帮我推荐10个北京周围夏天好玩的景点吗?
ChatGPT
当然可以。北京不仅是中国的首都，也是一个历史文化名城，周围有很多有趣的景点。以下是我为你推荐的10个北京周围夏天好玩的景点：
1. 颐和园: 颐和园是清朝皇家园林，是世界文化遗产，也是中国保存最完整的皇家园林。夏天的时候，你可以乘坐游船在昆明湖上欣赏美景。
2. 北京植物园: 在这里，你可以欣赏到各种不同的植物，并且还有一些很好的徒步路线。
3. 长城: 长城是中国的象征，也是世界文化遗产。其中，慕田峪和箭扣等段是最受游客欢迎的。
4. 香山公园: 夏天是一个非常适合徒步的季节，香山公园的山路十分适合此类活动。而且，香山公园的寺庙和古树也十分值得一看。
5. 颐和园周围的白河湿地公园: 这里有丰富的水生植物和鸟类，是一个自然生态的好去处。
6. 怀柔区黄花城水长城: 这是一个结合了水域和长城的景区，非常特别。
7. 北京野生动物园: 这是一个可以近距离观察野生动物的地方，非常适合家庭出游。
8. 古北水镇: 古北水镇是近年来新建的旅游景点，它将北方的山水和南方的水乡完美的结合在一起。
9. 北京世界公园: 在这里你可以看到世界各地的名胜古迹的微缩模型。
10. 百望山森林公园: 这个公园位于北京的南部，是一个有着丰富植物资源的大型森林公园。
这些地方都有各自的特色，希望你能在这些地方找到你喜欢的。记得在参观时，也要注意保护环境，尊重历史文化。
Regenerate response

图 2-16　ChatGPT 4.0 生成结果

如果觉得对生成结果不够满意的话，可以继续追问，或者单击最下方的Regenerate response按钮重新生成答案。如果需要使用插件的话，需要选择Plugins模型，然后在下拉列表中选择自己需要的插件，单击对钩按钮即可，如图2-17所示。如果需要查看更多插件，可单击Plugin store按钮，截至2023年5月底，接入ChatGPT的插件超过170款。

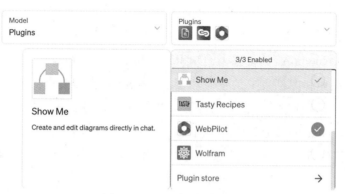

Model
Plugins
Plugins
3/3 Enabled
Show Me
Create and edit diagrams directly in chat.
Show Me
Tasty Recipes
WebPilot
Wolfram
Plugin store
图2-17　Plugins插件页面

需要注意的是，ChatGPT是生成式AI，它生成的内容未必100%正确，比如你让它推荐北京排名前十的景点，每次生成的结果可能都不相同，它会根据系统内的数据情况推荐出概率最大的结果。

5. Notion AI

Notion AI是一种基于人工智能技术的工具，旨在帮助用户提高工作效率和组织能力，它是一个智能笔记和团队协作平台，集合了多种功能，包括任务管理、项目协作、知识管理、文档编辑等，可以满足个人和团队的各种需求，如图2-18所示。

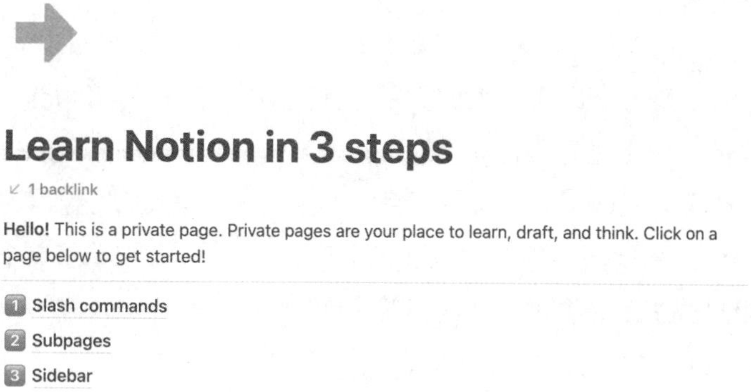

Learn Notion in 3 steps
1 backlink
Hello! This is a private page. Private pages are your place to learn, draft, and think. Click on a page below to get started!
1 Slash commands
2 Subpages
3 Sidebar
图2-18　Notion AI操作界面

　　Notion AI 通过自然语言处理和机器学习算法，去理解用户输入的文本的意图和上下文，提供智能化的协助和建议。它可以自动识别文本中的任务、日期、链接等信息，并根据用户的需要生成相应的提醒、日历事件或跳转链接。这种智能化的功能使得用户能够更高效地管理任务和日程安排。

　　Notion AI 还支持团队协作，可以创建共享的工作空间和文档，让团队成员之间实时协作、共享文件和交流讨论。它提供了丰富的模板和组件，用户可以根据需要自定义和调整布局，创建适合自己团队工作流程的协作环境。

　　此外，Notion AI 具备强大的知识管理功能，用户可以创建笔记、文档和数据库，整理和归档重要的信息和资源。Notion AI 的搜索功能也非常强大，可以快速定位和检索用户需要的内容，提高查找和复用知识的效率。

　　总之，Notion AI 是一款功能全面、智能化的工作和协作平台，通过人工智能技术提供智能化的协助和建议，帮助用户提高工作效率、组织能力和团队协作效果。

　　Notion AI 的主要功能如下。

　　（1）自动文档组织：Notion AI 可以帮助用户自动整理和组织自己的文档、笔记和文件。它能够分析文本内容，并根据关键词、主题或其他标准将它们归类，使用户能够更轻松地找到和管理信息。

　　（2）智能推荐：Notion AI 能够根据用户的使用习惯和需求，提供个性化的智能推荐。它可以根据用户的历史记录和喜好，推荐相关的文档、模板、建议和行动计划，帮助用户更高效地完成任务和项目。

　　（3）自动化完成任务：Notion AI 可以自动完成一些常见的任务和流程，提高工作效率。例如，它可以自动提取重要信息并生成报告，自动完成表格和表格计算，甚至可以根据用户设定的规则自动触发提醒和通知。

　　（4）协作支持：Notion AI 具有强大的协作功能，可以帮助团队成员更好地合作。它可以追踪和记录每个人的贡献，提供实时编辑和评论功能，帮助团队在一个共享的平台上进行协作和交流。

　　（5）自然语言处理：Notion AI 具备强大的自然语言处理能力，可以理解和解释用户的指令和问题。用户可以通过语音或文字与 Notion AI 进行交互，它可以理解用户的意图并提供准确的回答和帮助。

　　Notion AI 的登录及收费情况如下。

- 登录网址：https://www.notion.so/product/ai。

- 登录形式：邮箱登录即可，建议使用谷歌邮箱。
- Notion AI 是一款开放给所有人免费使用的工具，允许用户在决定购买其附加订阅服务之前先行体验其功能。随着用户在社区中粉丝数量的增加，系统也会赠送更多的 AI 使用次数。当用户用完免费次数时，系统将提示需要订阅 Notion AI 附加服务才能继续享受 AI 功能。在付费计划方面，Notion AI 的价格根据订阅类型和付款周期而定：如果选择年付，每月费用为 8 美元；如果选择月付，则每月费用为 10 美元。

6. DeepL Write

DeepL Write 是 DeepL 推出的一款文本编辑工具，旨在帮助用户以更流畅、准确的方式书写内容。它利用 DeepL 自家研发的强大机器翻译技术，提供实时的语言建议和修改建议，帮助用户改善文笔并提升写作质量。

DeepL Write 的主要特点之一是其准确而自然的语言翻译能力。DeepL 作为一家领先的机器翻译公司，其翻译引擎以出色的性能和准确性而闻名。这一技术被应用于 DeepL Write 中，使其能够分析用户的文本并提供高质量的语言建议。无论是在语法、拼写、词汇选择还是句子结构方面，DeepL Write 都能给出恰当的修改建议，使得文本更加通顺、准确。

此外，DeepL Write 还具备智能化的写作协助功能，它能识别上下文并基于翻译模型提供实时的翻译和改写建议，使得用户能够更好地表达自己的意思。DeepL Write 还能够检测和纠正常见的语法错误、不当的用词以及句子结构上的问题，帮助用户改进写作风格和文笔。

DeepL Write 的用户界面简洁直观，易于使用。用户可以直接在编辑器中书写内容，并在写作过程中得到即时的语言建议和修改建议。用户还可以根据自己的需求选择合适的语言风格和领域，以获得更加个性化和专业化的写作支持。

总体来说，DeepL Write 是一款强大且智能的文本编辑工具，能帮助用户改善文笔、提升写作质量，成为一位更出色的作家。

DeepL Write 具有以下主要功能。

（1）实时语法和拼写检查：DeepL Write 使用先进的语言处理技术，能够实时检测文本中的语法和拼写错误，并提供纠正建议。这有助于提高写作质量和准确性，减少错误和疏漏。

（2）语境相关的自动补全和建议：DeepL Write 能够根据上下文和句子结

构，提供智能的自动补全和建议功能。它可以预测用户想要输入的词汇、短语和句子，并给出合适的选项，提高写作速度和文本流畅度。

（3）单词和短语的同义词替换：DeepL Write 可以为用户提供单词和短语的同义词替换建议，帮助用户增加文本的多样性和表达能力。这有助于避免重复使用相同的词汇，使文本更加生动有趣。

（4）句子和段落的重组和重排：DeepL Write 可以帮助用户调整和优化文本的结构和组织，它可以识别句子和段落之间的逻辑关系，并提供重组和重排建议，使文本更具条理性和连贯性。

（5）多语言支持：DeepL Write 支持多种语言，包括英文、德文、法文、西班牙文等，用户可以在不同的语言环境下使用该工具进行写作和编辑。

DeepL Write 的登录及收费情况如下。

- 登录网址：https://www.deepl.com/write。
- 登录形式：邮箱注册登录。
- 是否收费：暂时不收费。

进入 DeepL Write 的界面后，用户可以在左侧文本区域中输入文本。然后 DeepL Wite 将检查左侧的输入，并在右侧文本区域提供文本的改进版本。系统会自动检测用户的书写语言，但用户也可以通过左侧文本区域上方的语言选择器进行更改。DeepL Write 所做的更改将在右侧文本区域中以绿色标记（阴影部分），用户还可以选择为单个单词或整段句子选择替代措辞，如图 2-19 所示。

图 2-19　DeepL Write 使用界面

以上这些工具各有特点和优势，读者可以根据自己的需求选择合适的工具。但无论使用哪种工具，都需要注意，机器生成的文本可能需要人工审核和修改，以确保其符合我们的需求和标准。

2.1.2　图像生成工具

图像生成工具是 AIGC 技术的另一个重要应用领域，它能够自动生成逼真的图像内容，包括照片、插图、艺术作品等。

下面将介绍国内外常用的图像生成工具。

1. 文心一格

文心一格是百度推出的一款创意辅助平台，其基于文心大模型和飞桨技术，专注于文本生成图像的 AI 艺术。于 2022 年 8 月正式发布，文心一格目前是国内一流的 AI 图片生成工具和平台，它提供了多种不同风格的高清画作生成功能，涵盖国风、油画、水彩、水粉、动漫、写实等十余种风格。

文心一格的用户群体非常广泛，既能激发画师、设计师、艺术家等专业视觉内容创作者的创意灵感，辅助他们进行艺术创作，还能为媒体、作家等文字内容创作者提供高质量、高效率的配图服务。无论是专业艺术家还是创作文字内容的用户，都能从文心一格中获得所需的图像处理和创作辅助功能。

文心一格不仅融合了先进的 AIGC 技术，还具备图像编辑功能，使用户能够快速生成独特的图像效果和艺术作品。用户可以使用文心一格的模板和滤镜来增强、修改和美化图像，以达到所需的创作效果。

作为国内公司推出的平台，文心一格具有许多优点。首先，由于其服务器部署在国内，用户可以享受到更快的访问速度。其次，文心一格对中文的支持非常友好，操作简单易用，为用户提供了便捷的使用体验。最后，文心一格的付费电量价格较为合理，具有一定的性价比，为用户提供了经济实惠的选项。

综上所述，文心一格是一款功能丰富的智能图像处理工具，结合了 AIGC技术和图像编辑功能，为用户提供了创造独特图像和艺术作品的能力。其快速访问速度、友好的中文支持以及合理的价格，使其成为广大用户进行艺术创作和图像处理的理想选择。

文心一格的登录和收费情况如下。

- 登录网址：https://yige.baidu.com/。
- 登录形式：手机号码或者邮箱登录，同百家号账号。
- 是否收费：目前文心一格采用免费增值模式，新用户注册并登录后可以获得 50 的电量，用以生成图像，签到、分享和公开自己的画作可以获得免费的额外电量。用户也可以采用付费充值方式购买电量，9.9 元 80 个电量，15.9 元 200 个电量，49.9 元 800 个电量，599 元 1 万个电量。

文心一格在生成图像时需要掌握 prompt 指令语句，清晰的指令有助于生成更加符合用户需求的图片，如图 2-20 所示。

图 2-20　Prompt 指令演示

如果觉得图片生成没有达到内容的要求，可以采用以下两种方法优化描述内容，即 Prompt 指令。

（1）使用更加清晰的细节表达。

陈述清晰是一个高效的创作习惯，如果只是告诉文心一格想要绘制"月下的美丽少女"，AI 往往并不知道我们想要的是什么样的人物形象，此时用户可以完善 Prompt 语句。

①添加刻画主体人物形象的细节词，比如国风华服、动漫少女、面容精致、微笑、牡丹花头饰等。

②添加丰富画面场景的细节词，比如月亮夜晚、月光柔美、祥云、花瓣飘落、星空背景等。

③添加提升画作整体质感的细节词，比如多彩炫光、镭射光、浪漫色调、

几何构成、丰富细节、震撼绝美壁纸、唯美等。

（2）参考公式 Prompt 语句 = 基础词 + 人物形象描述 + 场景 / 道具 / 配饰细节 + 画面质感增强用词。需要注意的是，Prompt 的优化是一个反复试错的过程，用户可以尝试不同的描述和关键词组合，逐步调整和优化 Prompt 语句，以获得更符合期望的效果。如图 2-21 所示为优化前后的效果对比。

图 2-21　Prompt 优化前后对比

2. Flag Studio

Flag Studio 是由北京智源人工智能研究院（以下简称"智源研究院"）推出的 AI 文本图像绘画生成工具，它为用户提供了丰富的工具和资源，以帮助他们实现各种设计和创意项目。

作为一个创意平台，Flag Studio 致力于提供高质量的设计服务。他们拥有一支专业的设计团队，擅长各种设计领域，包括平面设计、品牌设计、UI/UX 设计、插画、动画等。无论是个人用户还是企业客户，他们都可以委托 Flag Studio 进行定制化的设计项目，以满足需求。

此外，Flag Studio 还提供了供用户自主进行设计和创作的功能。他们开发了一系列易于使用的设计工具和软件，包括图形设计软件、排版工具、插画工具等。这些工具具有对用户友好的界面和丰富的功能，使用户能够自由发挥创意，设计出独特的作品。

除了设计工具，Flag Studio 还提供大量的设计资源和素材库。用户可以在这些资源库中找到各种高质量的图片、图标、字体、模板等，用于他们的设计项目。这些资源丰富多样，涵盖不同的风格和主题，为用户提供更多的选择和灵感。

总体而言，Flag Studio 是一个综合性的创意平台和设计平台，通过提供设计服务、设计工具和设计资源，帮助用户实现各种创意和设计项目。无论是专业设计师还是创意爱好者，都可以在 Flag Studio 找到所需的支持和资源，展现他们的创造力。Flag Studio 的登录及收费情况如下。

- 登录网址：https://flagstudio.baai.ac.cn/。
- 登录形式：手机号码注册登录，支持微信小程序。
- 是否收费：目前 Flag Studio 是免费使用的，网页版用户每天可生成 500 张图片。

Flag Studio 的工作界面如图 2-22 所示。

图 2-22　Flag Studio 工作页面

3. 6pen Art

6pen Art 是北京毛线球科技有限公司于 2022 年 4 月推出的一款在线 AI 图片生成工具。它利用 AI 驱动技术，能够通过用户提供的文字描述来生成令人惊艳的绘画作品。该平台已经累计为超过 100 万用户生成了上亿张精美的图片。

使用 6pen Art，用户只需通过文字描述画面的内容和风格，就能够获得与之相符的独特作品和画面，最高支持 4K 分辨率。这使得用户能够以简单的文字描述，获得富有创意和视觉冲击力的艺术作品。

为了提供便利的访问和使用体验，6pen Art 可通过在线网站以及 iOS 和 Android 应用程序进行访问和使用。用户可以根据自己的需求和喜好，在平台上探索不同的画面风格和创作主题，创造出独一无二的艺术作品。

总之，6pen Art 是一款基于 AI 驱动技术的在线图片生成工具，用户只需提供文字描述即可生成精美的绘画作品。它为用户提供了简单而灵活的创作方式，使得艺术创作变得更加易于实现和享受。无论是专业艺术家还是普通用户，都可以通过 6pen Art 表达自己的创意和艺术想象力。

6pen Art 主要有以下特点。

（1）AI 图片生成：用户可以通过输入文字描述来生成绘画作品。平台的 AI 技术会根据用户的描述自动创作出与之相符的图片。用户可以尝试不同的描述，探索不同的画面风格和创作主题。

（2）多样化的画面风格：6pen Art 提供多种画面风格供用户选择，例如古风、二次元、写实照片、油画、水彩画等。用户可以根据自己的喜好和需求，在不同的风格中进行创作，实现个性化的艺术表达。

（3）高分辨率支持：平台支持高达 4K 分辨率的图片生成，确保用户能够获得高质量的绘画作品。这使得生成的图片可以在不同的媒体和平台上得到更好的展示效果。

（4）在线访问和移动应用：6pen Art 提供在线网站以及 iOS 和 Android 应用程序，使用户可以随时随地访问和使用平台。用户可以通过计算机、手机或平板电脑，在任何地方进行创作和享受艺术。

（5）创意探索和灵感启发：平台的 AI 技术能够根据用户的文字描述创作出令人惊艳的作品，为用户提供创意探索和灵感启发的工具。无论是专业的艺术家还是刚入门的用户，都可以通过平台发现新的创作方向和表达方式。

6pen Art 的登录及收费情况如下。

- 登录网址：https://6pen.art/?utm_source=ai-bot.cn，支持 iOS。
- 6pen Art& 人类艺术家交流处：https://wenjuan.feishu.cn/m?t=sq9MW WdyHYHi-c2jj。
- 登录形式：手机号码注册登录，支持 iOS 端下载，Android 端在测试中。
- 是否收费：6pen Art 提供免费通道和 Pro 通道两种定价计划。免费通道允许用户每天免费使用西瓜模型，生成次数有限制；南瓜模型和 Stable Diffusion 模型的使用次数没有限制。Pro 付费通道则提供更快的生成时间，并且每次生成图片会消耗相应的点数。不同模型和分辨率的图片消耗的点数不同。点数的购买选项包括 5 元 20 点数、30 元 200 点数、100 元 800 点数和 500 元 5000 点数。具体的点数消耗情况见表 2-1。这样的定价计划旨在为 AI 艺术家们提供更好的服务。

表 2-1　不同模型和不同分辨率的图片会消耗不同的点数

模型	消耗点数
南瓜模型	2 点数
西瓜模型	8 点数
西瓜模型（大模型版）	12 点数
西瓜模型（人像优化版）	6 点数
Stable Diffusion 模型	2 点数

注册并登录 6pen Art 后，会自动进入工具台，单击页面下方的圆形加号按钮，进入创建绘画页面，如图 2-23 所示。

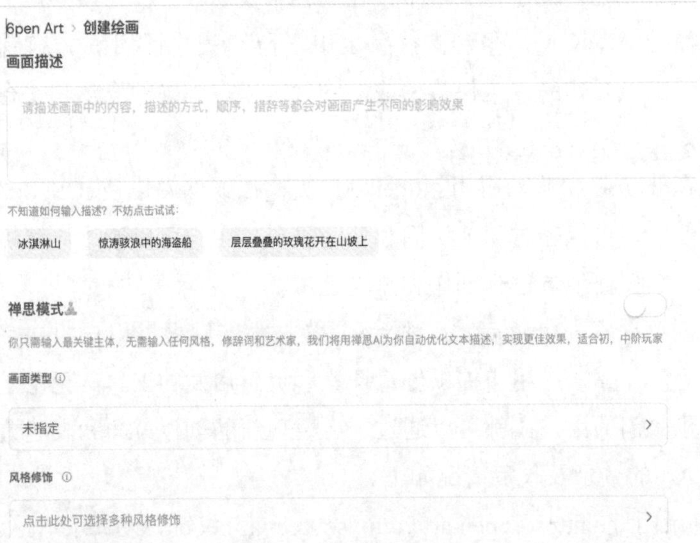

图 2-23　创建绘画页面

【提示】如果用户选择西瓜模型，则还可以配置分辨率和参考图的选项。6pen Art 会根据设置要求自动计算出消耗的点数。

例如：根据描述来生成的图像。

描述："惊涛骇浪中的海盗船、CG 渲染、蒸汽朋克"，生成的图像如图 2-24 所示。

图 2-24 海盗船

4. Midjourney

Midjourney 是 2023 年最火爆的 AI 图片生成工具，旨在为用户提供高质量、逼真和多样化的图像生成体验。该平台利用先进的 AI 技术，能够根据用户的输入和需求生成各种类型的图像，包括风景、人物、动物等。

该平台具有以下主要特点和功能。

（1）逼真的图像生成：Midjourney 能够生成逼真自然的图像，具有细致的细节和真实感。它能够处理复杂的场景、光照效果和视角，并捕捉纹理、阴影和反射等细微的细节。

（2）多样化的风格和主题：Midjourney 支持多种风格和主题的图像生成，用户可以根据自己的需求选择不同的风格，如写实、卡通、水彩等。同时，用户也可以指定特定的主题或场景，使生成的图像更加符合他们的预期。

（3）个性化调整和编辑：Midjourney 允许用户进行个性化调整和编辑，包括颜色、对比度、饱和度等方面的调整，以及添加文本、贴纸和滤镜等效果。这使得用户能够根据自己的创意和喜好对生成的图像做进一步的定制和改进。

（4）互动和社交分享：Midjourney 提供了互动和社交分享的功能，用户可以与其他用户交流和分享自己的创作。他们可以在平台内部进行互动讨论，也可以通过社交媒体平台与更广泛的社群分享他们的图像作品。

总体来说，Midjourney 平台为用户提供了一个创造和探索艺术的空间，通过强大的 AI 技术和丰富的功能，用户可以获得高质量、多样化和个性化的图像生成体验。无论是艺术爱好者、设计师还是创意工作者，都能够在这个平台上找到灵感和实现他们的创作目标。

Midjourney 的登录和收费情况如下。

- 登录网址：https://www.midjourney.com/home/?callbackUrl=%2Fapp%2F。
- 登录形式：需要邮箱注册登录，建议使用谷歌邮箱。
- 是否收费：Midjourney 提供以下三个订阅计划，每个订阅计划既可按月支付，也可按年支付（可享受 20% 的折扣）。每个订阅计划都包括访问 Midjourney 成员图库、官方 Discord。
  ➢ Basic Plan：按月支付 10 美元 / 月，按年支付 96 美元 / 年。
  ➢ Standard Plan：按月支付 30 美元 / 月，按年支付 288 美元 / 年。
  ➢ Pro Plan：按月支付 60 美元 / 月，按年支付 576 美元 / 年。

Midjourney 基本操作如下：

（1）进入 Midjourney 界面，输入指令后就会生成对应的图片，如图 2-25 所示。

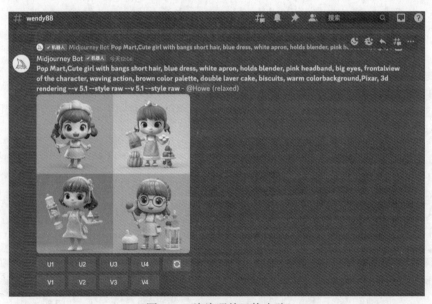

图 2-25　泡泡玛特风格女孩

（2）对于指令的学习和掌握很重要，每次 Midjourney 会生成 4 张图片，每次所需生成时间为 1 分钟左右。如果喜欢某张图片可以单击 U 序列中的 UI 按钮放大查看，如图 2-26 所示。

图 2-26 单击 U1 按钮放大查看

（3）如果比较喜欢图 2-26 的风格，想要在此基础之上再生成 4 张，可以单击 V 序列，如图 2-27 所示。

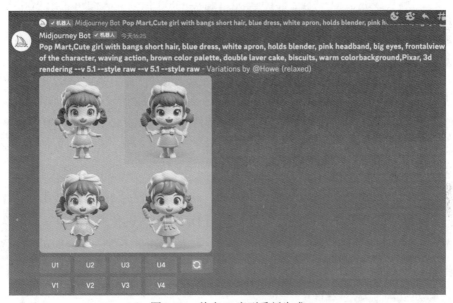

图 2-27 单击 V 序列重新生成

5. Stable Diffusion

Stable Diffusion 是于 2022 年发布的一个基于深度学习的 A 文本到图像生成模型，该模型主要用于生成以文本描述为条件的详细图像和插画，由初创公司 stabilityAI 与一些学术研究人员和非营利组织合作开发。

Stable Diffusion 采用了潜在扩散模型（Latent Diffusion Modle），它是一种深度生成性神经网络的变种。与之前的专有文本生成图像模型（如 DALL-E 和 Midjourney）只能通过云计算服务访问不同，Stable Diffusion 的代码和模型权重已公开发布，可以在大多数配备适度 GPU 的个人计算机上运行。

用户可以使用免费的开源模型生成美观的图像，这些图像可以达到写实逼真的效果，也可以生成艺术家创作的插画风格。Stable Diffusion 的生态系统功能强大，支持免费开源和低成本运行。生成的图像质量较高，但学习和使用该平台可能有一定的技术难度。

Stable Diffusion 的登录和收费情况如下。

- 登录网址：https://stablediffusionweb.com/。
- 登录形式：邮箱注册登录，建议使用谷歌邮箱，需要使用 VPN。
- 是否收费：自己部署或本地运行，完全免费；DreamStudio 版本，新用户注册后可获得 25 免费积分，大概可以生成默认选项的 30 张图像，购买或充值积分的话，10 美元可购买 1000 积分（大约可生成 5000 张图像）。

6. DALL-E 2

DALL-E 2 是 OpenAI 公司开发的一项基于生成式 AI 的技术，旨在帮助用户智能地从文本描述生成图像。该技术于 2021 年 1 月首次推出。DALL-E 2 利用深度学习和 GPT 大型语言模型来理解自然语言输入，并生成高质量的图像。它具有广泛的应用场景，适用于个人用户和企业组织，可以激发创意，并使用该技术生成所需的图像。

DALL-E 2 的应用潜力非常大。例如，教师可以使用 DALL-E 2 生成图像来解释复杂的教学概念；设计师可以使用 DALL-E 2 进行产品设计；营销人员可以 DALL-E 2 创作推广和广告素材等。该技术通常不到一分钟即可生成图像，速度很快，而且具有可定制性。用户可以任意输入和定制文本提示，以创建不同风格的图像。

然而，需要注意的是，目前 DALL-E 2 在生成写实风格的图像质量方面还有待提高。此外，国内用户直接访问 DALL-E 2 的官方网站可能会有些限制。

总之，DALL-E 2 是一项强大的生成式 AI 技术，通过文本描述生成图像，为用户带来了广阔的创作空间和应用前景。随着技术的不断发展和改进，我们可以期待 DALL-E 2 在图像生成领域的更多突破和创新。

DALL-E 2 具有以下主要功能和特点。

（1）由文本生成图像：DALL-E 2 可以根据用户输入的文本描述生成相应的图像。用户可以用文字描述他们想要的场景、对象或概念，然后 DALL-E 2

会根据这些描述生成相应的图像。

（2）高质量图像生成：DALL-E 2 生成的图像具有较高的质量和细节，能够呈现出丰富的纹理、颜色和形状。它能够捕捉细微的细节，并生成逼真的图像。

（3）广泛的应用场景：DALL-E 2 适用于各种应用场景。如前所述，教师可以利用它来创建教学素材，解释复杂的概念；设计师可以使用它进行产品设计和创意表达；营销人员可以利用它创作推广和广告素材。无论是个人用户还是企业组织，都可以根据自己的需求和创意使用 DALL-E 2 生成图像。

（4）较快的生成速度：DALL-E 2 的图像生成速度相对较快，通常在一分钟内就能生成一张图像。这使得用户能够快速获得所需的图像，并在创作过程中进行实时调整和反馈。

（5）可定制性：DALL-E 2 允许用户根据自己的需求和喜好进行定制。用户可以输入不同的文本提示来生成不同风格的图像。他们可以调整颜色、形状、细节等，以创建符合自己想法的图像。

（6）技术前沿：作为基于生成式 AI 的技术，DALL-E 2 代表了在图像生成领域的前沿技术。它利用深度学习和大型语言模型，结合文本理解和图像生成的能力，为用户提供一种全新的创作工具和体验。

DALL-E 2 的登录和收费情况如下：

- 登录网址：https://openai.com/product/dall-e-2。
- 登录形式：邮箱注册登录，建议使用谷歌邮箱；也可以使用 ChatGPT 的账号密码。
- 是否收费：用户注册 DALL-E 后，可以获得 50 个免费积分用于创建图像，用完所有的积分之后，接下来每个月可以获得 15 个免费积分。你也可以付费购买更多的积分，以免消耗用完。不同图片的分辨率价格不同：256 像素 × 256 像素的图片花费约 0.016 美元；512 像素 × 512 像素的图片花费约 0.018 美元；1024 像素 × 1024 像素的图片花费约 0.02 美元。

下面认识 DALL-E 2 的相关操作页面。

- DALL-E 2 的启动页面如图 2-28 所示。用户可以通过该页面设置绘画要求。

图 2-28　DALL-E 2 启动页面

- 不同绘画风格选择页面如图 2-29 所示。用户可以根据需求选择不同绘画风格。

图 2-29　不同绘画风格选择页面

- 渲染效果页面如图 2-30 所示。DALL-E 直接提供了相应的渲染指令，单击图片之后，就会出现 Prompt 的提示词，用户可以根据提示词直接使用生成图片，如图 2-31 所示为生成的 3D 图像效果。

3D render of a cute tropical fish in an aquarium on a dark blue background, digital art

Click to try

图 2-30　渲染效果页面　　　　　图 2-31　生成的 3D 小鱼图像效果

以上介绍的图像生成工具代表了国内外的一部分知名平台和产品，每个工具都具有独特的功能和应用领域，为用户提供了丰富多样的图像生成体验。

2.1.3　音频生成工具

本节将探讨音频生成工具在 AIGC 营销中的应用。比如，国内的网易天音、TME Studio 和讯飞智作，国外的 Jukedeck、Amper Music 和 Sonix，这些工具都具有强大的音频处理和生成功能，可以帮助营销人员快速生成高质量的音频内容，如广告词、配乐和声音效果等。通过这些工具，用户可以轻松创建各种类型的音频内容，包括语音合成、音乐创作和声音设计等。

1. 网易天音

网易天音是一款由网易旗下公司推出的音频生成工具，作为一个功能强大的平台，它为用户提供了丰富多样的音频特效、音乐库和声音素材，满足了广告、配乐、语音合成等多个领域的应用需求。

网易天音拥有一个庞大的音乐库，其中包含了各种风格和类型的音乐，用户可以根据自己的需求从中选择合适的背景音乐或配乐。这些音乐可用于广告制作、影视剪辑、游戏开发等场景，帮助用户打造出独特而引人注目的音频作品。

此外，网易天音还提供了多种音频处理功能，包括混音、剪辑、特效等。用户可以轻松进行音频的编辑和定制，调整音频的音量、音调、速度等参数，添加各种特效效果，使音频更加生动和富有创意。

网易天音还具备强大的语音合成功能，可以将文字转化为自然流畅的语音音频。用户可以输入文字内容，选择合适的语音样式和语速，生成符合需求的语音素材。这项功能广泛应用于语音导航、智能助理、在线教育等领域，为用户提供高质量的语音合成解决方案。

通过网易天音，用户可以快速、便捷地生成符合需求的音频内容，无论是创作广告音效、制作音乐作品还是进行语音合成，都能够得到满意的结果。网易天音的丰富功能和易于操作的界面使用户能够轻松地实现个性化定制和编辑，为音频创作带来更多可能性。

网易天音具有以下主要功能。

（1）AI 写歌：天音—AI 写歌教程，如图 2-32 所示。主要内容包括 AI 作词与编辑、旋律生成与调整、编曲配置、歌声合成、管理与导出等。

图 2-32　天音 -AI 写歌教程

（2）AI 编曲：天音—AI 编曲教程，如图 2-33 所示。主要内容包括预制模板、和弦编辑、整体调整、管理与导出。

图 2-33　天音 -AI 编曲教程

网易天音的登录和收费情况如下。

- 登录网址：https://tianyin.music.163.com/#/。
- 登录形式：网易 App 扫码或者用微信、微博、QQ、网易邮箱等登录。

- 是否收费：目前暂时没有收费，但是只有入驻网易云的音乐人才可以使用。

2. TME Studio

TME Studio 是腾讯音乐娱乐集团推出的音频创作工具，它提供了丰富的音乐制作功能和虚拟乐器，帮助用户创作出独特的音乐作品。TME Studio 内置丰富的音效和音乐库，用户可以自由组合和调整，这些音频资源可以生成高质量的音乐作品。它提供了录音、混音和修剪等基本功能，使用户能够轻松地录制和编辑自己的音频素材。

除了基本的录制和编辑功能，TME Studio 还提供了其他创意工具，如音频合成和声音特效。通过这些工具，用户可以使用虚拟乐器、合成器和音频处理器等，创造出丰富多样的音乐效果，为作品增添独特的风格和个性。

TME Studio 的音乐库中涵盖了各种音乐类型和风格，用户可以轻松地访问并选择合适的音乐素材，以丰富自己的作品。这个功能对于需要背景音乐或配乐的场景非常有用，如广告制作、影视剪辑和游戏开发等。

总之，TME Studio 提供了一个全面的音频创作平台，为用户提供了丰富的音乐制作功能和资源，帮助他们实现音乐创作的梦想。不论是专业音乐人还是刚入门的音乐爱好者，都可以通过 TME Studio 轻松创作出令人印象深刻的音乐作品。TME Studio 的登录和收费情况如下：

- 登录网址：https://y.qq.com/tme_studio/index.html#/。
- 登录形式：微信或者 QQ 扫码登录，也支持手机号码和邮箱注册登录。

TME Studio 的主界面如图 2-34 所示，用户根据需要进行选择，即可进入相应的工作界面。

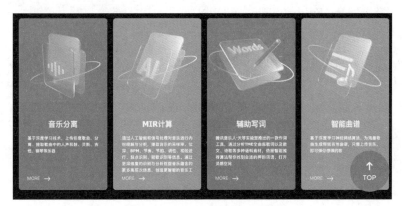

图 2-34 TME Studio 的主页面

3. 讯飞智作

讯飞智作是科大讯飞推出的一款智能音频生成工具，具备语音合成、音频剪辑和音效处理等多种功能，能够帮助用户快速生成专业水准的音频。

讯飞智作的语音合成功能可以将文本转换为自然流畅的语音，让用户可以轻松地生成具有人声的音频。用户可以输入文本，选择合适的语音风格和语速，讯飞智作将会生成对应的语音内容。

此外，讯飞智作还提供了音频剪辑和音效处理功能，使用户能够对音频进行个性化的定制和编辑。用户可以剪辑、合并、调整音频片段，以及添加各种音效和背景音乐，以满足不同应用场景的需求。

讯飞智作还采用了智能音频处理技术，例如降噪和语音增强，可以改善音频质量，使生成的音频更加清晰、品质更高。

该工具适用于多个领域，如语音广告、有声读物等。用户可以根据自身需求进行个性化的音频定制，为广告、宣传片、有声读物等内容添加高质量的配音和音效。

讯飞智作的优势之一是可以大大提高 AI 配音的真实性，使生成的音频更加自然和逼真。它能够快速帮助广告主产出短视频，提升产品的宣传力度和影响力。

总之，讯飞智作是一款功能丰富的智能音频生成工具，通过语音合成、音频剪辑和音效处理等功能，用户可以快速生成专业水准的音频内容，并根据需要进行个性化的定制和编辑。无论是语音广告还是有声读物，讯飞智作都能为用户提供高质量的音频解决方案。

讯飞智作的登录和收费情况如下。

- 登录网址：https://peiyin.xunfei.cn/。
- 登录形式：手机号码注册登录，首次登录默认注册。
- 是否收费：如果使用会员功能需要收费。

讯飞智作的操作页面首页如图 2-35 所示，该页面集合了讯飞旗下的多个产品，选择"AI+音频"，即可进入相应的操作页面，用户可以根据自己的需求生成不同类型的语音内容。

图 2-35　讯飞操作页面首页

4. Jukedeck、Amper Music和Sonix

下面简要介绍几款国外的音频生成工具，分别是 Jukedeck、Amper Music 和 Sonix。这些工具在广告、视频、电影、游戏制作等领域有着广泛的应用。

（1）Jukedeck：一款利用 AIGC 技术生成音乐的在线平台。它能够根据用户设定的风格、情绪和时长等参数，自动生成符合需求的背景音乐。Jukedeck 的音乐生成技术广泛应用于广告、视频制作等领域。

（2）Amper Music：Amper Music 是一家提供智能音乐生成服务的公司，其音乐生成工具结合了人工智能和音乐理论，能够根据用户的需求和指导生成独特的音乐作品。Amper Music 的音乐生成技术广泛应用于电影、游戏制作等领域。

（3）Sonix：一款语音转写和音频处理工具，它利用 AIGC 技术，能够自动将音频转写为文字，并提供多种音频处理功能，如降噪、音频分割等。Sonix 的音频处理工具可用于研究、媒体制作等领域。

以上介绍的这些国内和国外的音频生成工具是当前市场上的部分知名平台和产品，每个工具都具备独特的功能和应用场景，为用户提供了丰富多样的音频生成体验。由于国外的音频生成工具在国内使用会有网络上的限制，所以这里只做简单介绍，不做详细的讲解。

5. Suno

具体内容请扫描下方二维码阅读。

2.1.4　视频生成工具

这里我们将介绍国内和国外的视频生成工具，国内的有腾讯智影、一帧秒创、来画，国外的视频生成工具有 D-ID、HeyGen。这些工具能够利用 AIGC 技术实现视频自动生成，提高营销效率和效果。我们将对这些工具的特点、应用场景和优劣势进行详细的介绍和分析。

1. 腾讯智影

腾讯智影是腾讯推出的视频生成工具，它提供了丰富的视频编辑功能和模板库，旨在帮助用户快速创建、编辑和定制视频内容。

腾讯智影的编辑功能包括剪辑、特效、滤镜等，用户可以根据自己的需求对视频进行个性化的定制和编辑。用户可以裁剪视频长度，调整音频和视频的配比，添加特效和滤镜等，以打造独特的视觉效果。

除了基本的编辑功能，腾讯智影还支持智能推荐和自动化编辑。智能推荐功能可以根据用户的素材和需求，推荐适合的模板和风格，帮助用户快速生成高质量的视频作品。自动化编辑功能可以自动剪辑视频、选择最佳镜头、调整视频播放速度和音频节奏，使得视频编辑过程更加高效和便捷。

腾讯智影还提供了丰富的模板库，用户可以选择不同主题和风格的模板，通过简单的操作即可创建令人印象深刻的视频内容。这些模板涵盖各种场景和用途，例如广告宣传、社交媒体内容、节日祝福等，为用户提供了丰富的选择。

总之，腾讯智影是一款功能强大的视频生成工具，提供了丰富的编辑功能和模板库，用户可以通过剪辑、特效、滤镜等功能，快速创建、编辑和定制视频内容。智能推荐和自动化编辑功能使得视频制作过程更加高效和便捷。无论是个人用户还是企业组织，腾讯智影都能帮助用户生成高质量、个性化的视频作品。

腾讯智影的登录和收费情况如下。

- 登录网址：https://zenvideo.qq.com/。
- 登录形式：微信、QQ 或者手机登录。
- 是否收费：使用会员功能需要付费。

腾讯智影的主页面如图 2-36 所示，用户可以根据不同的需求选择不同的功能模块进入相应的编辑页面进行编辑。如图 2-37 所示为选择数字人编辑进入相应的视频模板编辑页面。

图 2-36 腾讯智影的主页面

图 2-37 视频模板编辑页面

2．一帧秒创

一帧秒创是基于秒创 AIGC 引擎的智能 AI 内容生成平台，旨在为创作者和机构提供多种 AI 生成服务，包括文字续写、文字转语音、文生图、图文转视频等创作服务。该平台利用强大的 AI 技术和智能分析功能，帮助用户快速创作视频内容，实现零门槛创作的目标。

通过一帧秒创平台，用户可以使用文字续写功能，将现有的文案或故事情节进行扩展和延伸，快速生成新的内容。此功能可以帮助创作者在创作过程中获得灵感，并且扩大已有文案的应用范围。

另外，一帧秒创还支持文字转语音功能，将输入的文字内容自动转化为语音，为用户提供更多的创作选择和多样化的内容形式。这样，创作者可以通过语音合成技术为他们的创作作品增添音频元素，提升内容的表现力和吸引力。

　　一帧秒创的文生图功能可以将文字描述转化为图像，创造出与文字描述相符合的图像作品。用户只需输入具体的场景或对象描述，平台会利用 AI 生成相应的图像，帮助创作者更好地表达他们的创意和想法。

　　此外，一帧秒创还提供了图文转视频的功能，将图像和文字内容合成为视频作品。用户可以将图片和文字输入平台，选择适合的风格和效果，一帧秒创能快速生成一个完整的视频作品。这为创作者节省了制作视频的时间和精力，同时提供了更多创作的可能性。

　　总而言之，一帧秒创利用秒创 AIGC 引擎，通过对文案、素材、AI 语音、字幕等进行智能分析，实现了快速成片的创作过程。它为创作者和机构提供了一种简单、高效且零门槛的方式来创作视频内容，促进了内容创作的创新和发展。

　　一帧秒创的登录和收费情况如下。

- 登录网址：https://aigc.yizhentv.com/?_f=ai-bot。
- 登录形式：手机号码登录即可，也支持微博登录和 App 扫码登录。
- 是否收费：一些功能可以免费使用，会员功能需要付费。

一帧秒创生成视频的操作方法如下。

（1）进入一帧秒创的主界面，如图 2-38 所示。

图 2-38　一帧秒创的主界面

（2）选择"图文转视频"选项，即进入相应的页面，如图 2-39 所示。

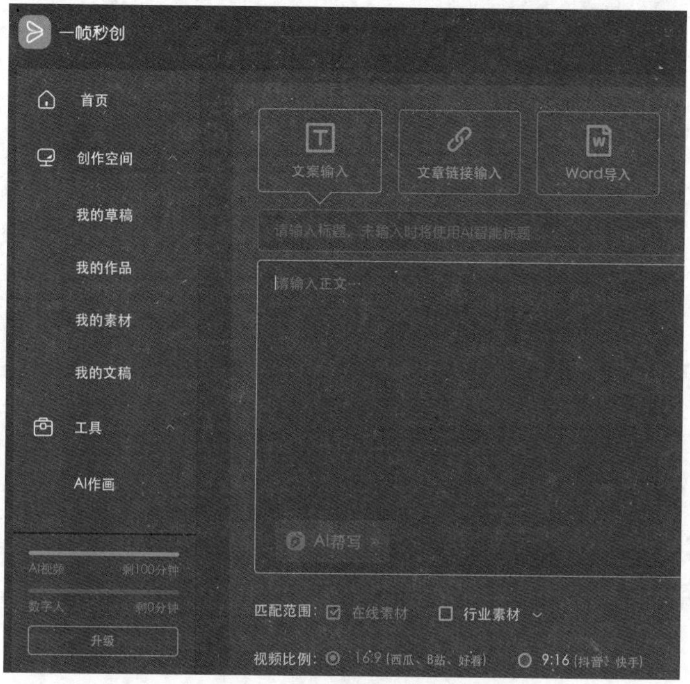

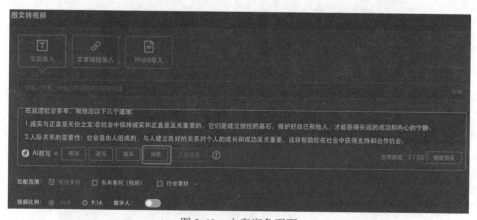

图 2-39　图文转视频编辑页面

（3）输入文案，单击"润色"按钮，AI 文案会生成新的润色后的文案，如果觉得生成的文案不符合要求，可以选择"帮写""改写""续写""润色"以及"文案还原"，如图 2-40 所示。

图 2-40　文案润色页面

（4）单击"下一步"按钮，会生成在线脚本文案，如图 2-41 所示。

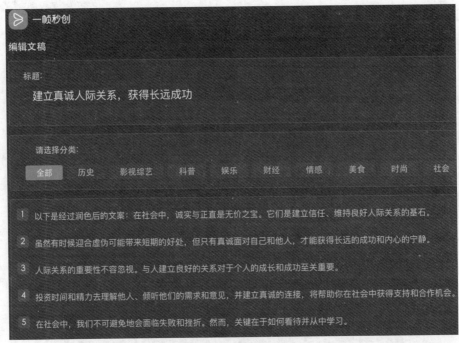

图 2-41　在线脚本文案

（5）继续单击"下一步"按钮，即可自动生成视频，如图 2-42 所示。

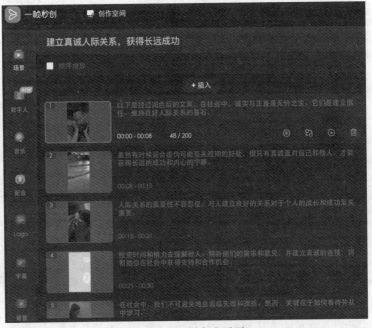

图 2-42　视频生成页面

视频生成之后，需要根据用户的需求再进行调整，可以增加、删改内容，以达到视频内容逻辑、衔接顺畅的目的。

3. 来画

来画是一款简单易用的视频生成工具，适用于个人和小型团队，它提供了多种视频模板和场景，用户可以选择喜欢的模板，并根据自己的需求进行编辑和定制。来画还支持素材库和音效库的导入，用户可以灵活地添加各种元素，生成个性化的视频内容。

来画借助 AI 技术，支持在短时间内生成专属的数字人，大大降低了视频制作门槛和成本。无须使用昂贵、专业的穿戴设备，每个人都能轻松拥有自己的数字人。来画平台上线了五种不同的数字人风格，包括美式写实风格、中式写实风格、潮玩手办风格、写实美型风格以及 2D 超写实数字人。用户可以自由调整数字人的身高、体重、发型、脸型、五官等参数，实现精细化定制。

来画平台还提供了海量丰富的素材库，支持多样换装，包括发型、配饰、衣服、道具等，用户可以随意搭配，展现自己的风格和个性。同时，来画还支持不同的人物动作和场景，帮助用户打造丰富多样的视频内容。

来画数字人具备多种功能，例如可以生成各种有趣的动态表情包，让用户在社交媒体上表达自己；可以快速生成个性化的数字人名片，提升社交形象；可以获得唯一且永久的"元宇宙身份证"，展示个人在虚拟世界中的存在；还可以在元宇宙舞台或秀场上与其他数字人互动，以舞会友。

总体来说，来画是一款强大且易用的视频生成工具，它提供了丰富的模板、场景和素材，支持个性化定制和灵活编辑，让用户能够轻松创建自己独特的视频内容，并与其他数字人互动，展示个性和风格。

来画的登录和收费情况如下。

- 登录网址：https://www.laihua.com/?ref=ai-bot.cn。
- 登录形式：支持微信、QQ、微博登录，也支持手机、邮箱注册登录。
- 是否收费：可以免费试用，首次注册赠送 2 天会员；2 天后如果使用会员功能，需要付费。

登录来画进入其首页页面，如图 2-43 所示。用户根据需要选择进入创作页面，可以选择"AI 视频模板"，场景选择"电商营销"，如图 2-44 所示；选择"新品上市"模板，进入操作页面，根据自己的需求调整内容，最后单击"制作视频"按钮即可，效果如图 2-45 所示。

图 2-43   来画首页页面

图 2-44   电商营销 AI 视频模板

图 2-45   新品上市模板页面

这些国内视频生成工具提供了强大的视频编辑和定制功能，帮助用户快速生成高质量的视频作品。它们广泛应用于短视频制作、广告营销、社交媒体等领域，为用户提供了丰富多样的创作工具和效果，提升了视频内容的表现力和吸引力。

4．Runway、Nonder Sdo、D-ID

本小节将介绍三款国外的视频生成工具，详细探讨它们的特点、功能和应用领域，并介绍使用案例以及在 AIGC 营销中的应用前景。这些工具在国外市场上备受关注，并在视频内容生成方面展现出强大的潜力。通过了解这些国外视频生成工具，读者可以获取更多的灵感和思路，以便在自己的营销策略中充分利用 AIGC 技术的优势。

1）Runway

Runway 是一个面向创作者的机器学习工具平台，最初旨在提供直观易用的界面，使创作者在没有编程经验的情况下能够使用机器学习技术。它涵盖了视频、音频、文本等多种媒体形式。

Runway 的 AI Magic Tools 是其提供的功能之一，目前提供了 30 个以上的 AI 工具。这些工具可以帮助用户创建和发布预训练的机器学习模型，用于生成逼真的图像、视频等内容。用户可以使用这些工具来探索机器学习的潜力，从而创造出令人惊叹的视觉效果。

除了使用预训练的模型，Runway 还允许用户训练自己的模型，并且可以直接从 GitHub 中导入新的模型。这使得用户能够自定义和扩展他们的机器学习应用，并将其应用于各种创作需求。

值得一提的是，Runway 在 2023 年 3 月 23 日发布了 Gen-2 模型区。这一新功能使用户能够从文本、图像和视频片段中生成视频内容。这为创作者提供了更多创作的可能性，他们可以通过输入文字或图片，利用机器学习模型生成令人惊艳的视频作品。

总而言之，Runway 是一个供创作者使用机器学习工具的平台，为他们提供了丰富的 AI Magic Tools 来创建和发布机器学习模型，以生成各种媒体内容。用户可以使用预训练的模型或训练自己的模型，扩展和定制他们的应用。Gen-2 模型区更进一步提升了创作者的创作能力，使他们能够从文本、图像和视频中生成令人惊叹的视频内容。

Runway 的登录和收费情况如下。

- 登录网址：https://runwayml.com/green-screen/。
- 登录形式：邮箱注册，建议使用谷歌邮箱。
- 是否收费：可以免费试用，后期需要按照输出量来收费；收费按照月度或年度收取。

2）Wonder Studio

Wonder Studio 是由初创公司 Wonder Dynamics 推出的一款 AI 工具，无须复杂的 3D 软件，无须昂贵的制作硬件，便可以自动为 CG 角色制作动画、打光并将其合成到真人场景中。

Wonder Studio 的登录和收费情况如下。

- 登录网址：https://wonderdynamics.com/。
- 登录形式：邮箱注册，建议使用谷歌邮箱；注册信息填写较多，会用到公司信息等，建议专业人士使用。
- 是否收费：可以免费试用，后期需要按照输出量来收费。

3）D-ID

D-ID（De-identification）是一家以色列公司，专注于人脸识别技术和隐私保护。D-ID 技术可以对人脸图像进行混淆，使用 AI 算法对人脸进行处理，使得图像仍然可识别，但无法被现有的人脸识别算法识别，从而保护个人隐私。D-ID 技术在视频生成领域可以用于保护个人身份信息和隐私，特别适用于需要处理大量人脸数据的场景。

D-ID 是一个人工智能生成的视频创建平台，可以轻松快速地从文本输入中创建高质量、高性价比和引人入胜的视频。背后的 AI 技术由 Stable Diffusion 和 GPT-3 提供，使用者可以在没有任何技术知识的情况下输出 100 多种语言的视频。D-ID 的实时人像功能可以从一张照片中创建视频，虚拟口播主持可以提供文本或音频。D-ID 的 API在数万个视频上进行训练，以产生逼真的效果。

D-ID 的登录和收费情况如下。

- 登录网址：https://www.d-id.com/。
- 登录形式：邮箱注册，建议使用谷歌邮箱。
- 是否收费：根据用户的流量使用情况收取费用。
- 免费试用版：提供 5 分钟的试用时间，可以免费体验 D-ID 的基本功能。
- 基础付费版本：每月收费 5.99 美元，使用时间限制在 10 分钟以内。
- 其他付费版本：根据官方网站的信息，其他版本的收费可以参考 D-ID 的官方网站的定价页面（https://www.d-id.com/pricing/），具体价格会根据不同的功能和使用需求而有所不同。

4）Sora

具体内容请扫描下方二维码阅读。

其他比较好的国外视频生成软件还有 Adobe 公司推出的一款跨平台视频编辑工具 Adobe Premiere Rush；支持多种风格和主题的 HeyGen；AI 动画创建工具 Artflow 等。这些 AI 工具在广告营销、社交媒体推广等领域具有潜力，可以帮助用户快速创建吸引人眼球的视频内容。

这些国外视频生成工具具有先进的视频编辑技术和丰富的功能，能够满足不同用户的需求。它们在全球范围内广泛应用于电影制作、广告营销、社交媒体等领域，为用户提供了创作、编辑和分享视频内容的便捷工具。

2.2 AIGC 的数据分析工具

本节将介绍 AIGC 的数据分析工具，包括国内的和国外的。数据分析工具在 AIGC 技术中起着重要的作用，能够处理大量的数据，并提取有用的信息和洞察。通过这些工具，用户可以更好地理解和利用数据，从而支持决策和优化业务流程。

1. 国内的AIGC数据分析工具

在国内，有多个优秀的 AIGC 数据分析工具可供选择。

（1）阿里云 DataV：阿里云的 DataV 是一款大数据可视化工具，它可以帮助用户将复杂的数据通过视觉化的形式呈现出来，使得数据更加直观易懂；它也能够实时监控数据变化，为企业的决策提供有力的数据支持。

（2）神策数据：神策数据提供了一套完整的用户行为分析平台，能够帮助企业实现用户行为数据的全链路采集、清洗、存储和分析，从而为产品优化和运营决策提供数据支持。

（3）听云：听云是科大讯飞推出的一款全面的性能管理解决方案，它可以从用户的视角出发，监控和管理应用的性能，帮助开发者快速定位和解决问题，提升应用的整体质量。听云在数据分析方面的表现也十分出色，能够提供实时的数据分析和报告，帮助企业更好地理解用户行为和需求。

2. 国外的AIGC数据分析工具

在国外，也有一些知名的 AIGC 数据分析工具。

（1）Tableau：一款流行的可视化分析工具，它可以与 AIGC 技术集成，帮助用户通过可视化图表和仪表板，以直观的方式探索和呈现数据。

（2）RapidMiner：一款功能强大的数据科学平台，它提供了丰富的数据分析和挖掘工具，支持用户进行数据预处理、模型建立和评估等操作。

（3）IBM Watson Analytics：IBM 推出的一款智能分析工具，它结合了 AIGC 和自然语言处理技术，能够帮助用户快速分析数据、生成洞察，并提供智能化的建议和解决方案。

（4）Google Analytics：全球应用最广泛的网站统计分析工具，它可以为企业提供网站访问数据、用户行为数据等多维度的数据分析，帮助企业优化网站设计，提高转化率。

以上是国内和国外一些常见的 AIGC 数据分析工具，它们在数据处理、挖掘和可视化方面都具有一定的优势和特点，可根据具体需求选择适合的工具进行数据分析。

2.3　智能营销的应用工具

智能营销的应用工具是基于 AI 技术开发，旨在提升营销活动的效果和效率。这些工具利用人工智能和数据分析能力，帮助营销人员更好地理解用户需求、优化营销策略，并提供个性化的推荐和服务，而 AIGC 作为这些 AI 工具输出的内容载体，帮助品牌或者企业更好地完成营销过程。在本节中，将介绍几种常见的智能营销应用工具。

2.3.1　交互式应用工具

交互式应用工具是一类利用 AIGC 技术实现与用户之间实时互动的工具，它们能够理解用户的语言和行为，提供个性化的服务和反馈。这些工具在各个领域都有广泛的应用，包括虚拟助手、智能客服、智能导航等。

1．虚拟助手

虚拟助手是一种能够与用户进行自然语言交互的智能应用工具。它们能够理解用户的问题和需求，并提供相应的解答和帮助。以下是几款知名的虚拟助手。

（1）Siri：苹果公司开发的虚拟助手，它集成在iOS设备中，能够回答问题、执行任务、发送消息等。

（2）Google Assistant：谷歌开发的虚拟助手，可以通过语音或文字与用户进行交互，提供搜索结果、提醒、导航等功能。

（3）小冰：微软研究院开发的虚拟助手，具备语义理解和情感分析的能力，可以与用户进行自然的对话。

2．智能客服

智能客服是一种利用AIGC技术实现的自动化客服系统，能够理解用户问题并提供解决方案，降低人工客服负担。以下是几款国内外著名的智能客服工具。

（1）Watson Assistant：IBM开发的智能客服工具，它能够理解用户的问题并提供个性化的回答，支持多渠道接入。

（2）腾讯智能客服：腾讯公司开发的智能客服系统，利用AIGC技术和自然语言处理能力，提供智能问答和自助服务。

（3）LivePerson：LivePerson是一家专注于智能客服和在线互动的公司，它们提供了一套全方位的智能客服解决方案，包括聊天机器人、语音识别等。

3．智能导航

智能导航工具利用AIGC技术分析用户的位置、交通信息等数据，提供个性化的导航路线和实时交通情报。以下是几款国内外著名的智能导航工具。

（1）高德地图：国内领先的智能导航工具，提供实时交通信息、路线规划和导航服务。它利用AIGC技术分析用户的出行需求和交通状况，帮助用户选择最佳路线。

（2）Google Maps：谷歌开发的全球知名的智能导航工具，它可以提供准确的地图数据、路线规划和导航功能，支持实时交通信息和步行导航等。

（3）HERE Maps：一款国际知名的智能导航工具，它可以提供全球范围的地图数据、交通信息和导航服务，支持多种交通方式的路线规划。

智能导航工具可以在多个层面上助力营销。

（1）定位广告：利用用户的地理位置信息，导航工具可以展示定位广告，为当地的商户提供推广机会。例如，当用户搜索一条路线时，广告系统可以推荐沿线的餐厅、商店等地点。

（2）路线推荐：商家可以通过导航工具推荐特定的路线，引导用户到店。例如，商家可以优化他们在导航工具中的显示位置和信息，使得在进行路线规划时更可能被推荐。

（3）数据分析：通过对用户行为和路线选择的分析，导航工具可以提供宝贵的用户行为和偏好信息。这些信息可以帮助商家更好地理解他们的目标客户，制定更有效的营销策略。

（4）品牌合作：导航工具也可以与品牌进行合作，通过在地图上标记商店位置、提供优惠券和促销信息等方式进行推广。

（5）增强现实营销：一些导航工具还支持增强现实（AR）技术，商家可以利用这一技术提供更生动、更有吸引力的广告或优惠信息。

总体来说，智能导航工具可以提供丰富的数据和独特的功能，为商家的营销提供新的可能性。

4. 其他交互式应用工具

除了虚拟助手、智能客服和智能导航，还有其他类型的交互式应用工具，如智能语音助手、智能翻译等。它们利用 AIGC 技术实现了与用户的实时互动和智能交流。

（1）Amazon Alexa：亚马逊公司开发的智能语音助手，它能够响应用户的语音指令，提供音乐播放、智能家居控制、问答等功能。

（2）Microsoft Translator：微软开发的智能翻译工具，它利用 AIGC 技术实现多语言翻译，并提供语音合成和语音识别功能。

（3）Apple HomePod：苹果公司推出的智能音箱，集成了虚拟助手 Siri，用户可以通过语音与 HomePod 进行互动，控制家庭设备、播放音乐等。

以上介绍了一些国内外的交互式应用工具，涵盖了虚拟助手、智能客服、智能导航以及其他类型的工具。这些工具利用 AIGC 技术，实现了与用户的实时互动和个性化服务，为用户提供了更便捷、更智能的应用体验。

2.3.2　客户画像工具

客户画像工具利用 AIGC 技术分析用户数据，构建用户画像，并提供详细的用户信息和特征。这些工具可以从用户的行为、兴趣、偏好等多个维度进行分析，帮助营销人员更好地理解用户需求和行为模式，从而有针对性地进行营销活动。

1. 国内的客户画像工具

国内的客户画像工具利用 AIGC 技术，通过分析大量的用户数据和行为模式，帮助企业深入了解客户，形成准确的客户画像。以下是一些国内的客户画像工具及案例介绍。

（1）阿里云智能大脑：阿里巴巴集团推出的一款客户画像工具，它基于海量的用户数据和阿里巴巴的生态系统，通过 AIGC 技术进行数据分析和挖掘，为企业提供准确的客户画像。例如，阿里云智能大脑可以根据用户的购买历史、浏览行为和社交网络等信息，识别用户的兴趣偏好，帮助企业实施个性化营销和精准推荐。

（2）腾讯大数据智能分析平台：腾讯公司开发的一款客户画像工具，它利用 AIGC 技术和腾讯的海量用户数据资源，为企业提供全面的客户分析和画像服务。例如，腾讯大数据智能分析平台可以通过分析用户的社交行为、兴趣关注和地理位置等数据，描绘出客户的消费习惯、生活方式和偏好特征，为企业提供精准的营销策略和个性化推荐。

（3）百度大数据智能营销平台：百度公司开发的一款客户画像工具，它利用 AIGC 技术和百度的海量搜索数据和用户行为数据，为企业提供全面的客户洞察和定位服务。例如，百度大数据智能营销平台可以通过分析用户的搜索关键词、点击行为和购买意向等数据，了解用户的需求和兴趣，帮助企业进行精准投放和个性化营销。

2. 国外的客户画像工具

国外的客户画像工具也在广泛应用 AIGC 技术，通过分析用户数据和行为模式，帮助企业了解客户并进行精细化营销。以下是一些国外的客户画像工具及案例介绍。

（1）Salesforce Customer 360：Salesforce 推出的一款客户画像工具，它整合了多个数据源和应用，帮助企业构建全面的客户画像。通过分析客户的交互历史、购买行为和社交媒体活动等数据，Salesforce Customer 360 能够提供深入的客户洞察，帮助企业了解客户的偏好、需求和行为特征，从而实施个性化营销和提供优质的客户体验。

（2）Adobe Experience Platform：Adobe 推出的一款综合性客户画像工具，它整合了各种数据来源，包括在线和离线渠道的数据，帮助企业建立完整的客户画像。通过 AIGC 技术，Adobe Experience Platform 能够分析客户的多维数据，如交易历史、网站行为、社交媒体互动等，从而了解客户的喜好、兴趣和购买意向，为企业提供个性化的营销策略和定制化的服务。

（3）Google Analytics：谷歌推出的一款数据分析工具，其中的用户分析功能可以帮助企业构建客户画像。通过分析网站访问数据、用户行为和转化率等指标，Google Analytics 能够描绘客户的兴趣偏好、地理位置和行为模式，为企业提供深入的客户洞察，支持精准的市场定位和个性化的推广活动。

这些国内外的客户画像工具利用 AIGC 技术和大数据分析，能够为企业提供深入的客户洞察和精准的营销策略。它们能够帮助企业了解客户的兴趣、需求和行为模式，从而优化产品定位、个性化推荐和精细化营销，提升客户满意度和业务效果。

2.3.3　智能推荐系统

智能推荐系统是一种利用 AIGC 技术分析用户的历史行为和偏好，预测用户可能感兴趣的产品或服务，并向其推荐相关内容的应用工具。它基于用户的个人喜好、购买记录、浏览行为和社交媒体活动等数据，通过算法和机器学习模型实现个性化的推荐。智能推荐系统可以广泛应用于电子商务、娱乐、社交媒体等领域，为用户提供个性化的体验，提高用户参与度和购买转化率。

1. 国内的智能推荐工具

下面介绍在国内的一些知名的智能推荐系统。

（1）阿里巴巴推荐算法平台：阿里巴巴集团开发的智能推荐系统工具，通过分析用户的购买历史、浏览行为和兴趣标签等数据，为阿里巴巴旗下的电商平台提供个性化推荐服务。该工具基于大数据和机器学习技术，能够精确预测用户的购买意向，并为用户推荐符合其兴趣和偏好的商品。

（2）百度推荐引擎：百度公司推出的智能推荐系统工具，它通过分析用户的搜索记录、浏览行为和社交媒体活动等数据，为用户提供个性化的搜索结果和内容推荐。百度推荐引擎不仅在百度搜索引擎中应用，还广泛应用于百度旗下的其他产品，如百度新闻、百度贴吧等。

（3）小米推荐引擎：小米集团开发的智能推荐系统工具，主要应用于小米生态系统的产品和服务中。该推荐引擎利用AIGC技术，分析用户的设备使用情况、应用程序偏好和个人兴趣，为用户提供个性化的推荐内容，包括应用程序推荐、主题推荐和广告推荐。小米推荐引擎的目标是提高用户体验、增加产品使用率，并帮助广告主精准投放广告。

以上这些国内的智能推荐系统工具在电商、搜索引擎和生态系统等领域发挥着重要作用。它们通过分析用户数据、应用机器学习算法和个性化推荐策略，为用户提供符合其兴趣和需求的个性化推荐内容。这不仅有助于提高用户满意度和忠诚度，还能为企业提供精准的营销机会，促进业务增长和用户参与。

2. 国外的智能推荐工具

下面介绍国外一些知名的智能推荐系统工具。

（1）Netflix推荐引擎：Netflix是一家知名的流媒体视频平台，其推荐引擎被广泛认为是业界的佼佼者。Netflix利用AIGC技术分析用户的观影历史、评分和喜好，为用户个性化推荐电影和电视剧。该推荐引擎的准确性和个性化程度为其赢得了大量用户和市场份额。

（2）Amazon个性化推荐：Amazon是全球最大的电商平台之一，其个性化推荐系统是其成功的关键之一。通过分析用户的购买历史、浏览行为和兴趣标签等数据，Amazon能够为用户推荐符合其购买偏好的商品。

（3）Google推荐系统：Google是全球最大的搜索引擎之一，其推荐系统在广告和内容领域具有重要地位。Google的推荐系统利用AIGC技术，通过分析用户的搜索历史、浏览行为和个人资料等数据，为用户提供个性化的搜索结果、广告和YouTube视频推荐。Google的推荐算法不断优化，以提供更精准和有吸引力的推荐内容。

以上这些国外的智能推荐系统工具通过分析海量的用户数据和应用机器学习算法，为用户提供个性化的推荐体验，它们不仅能够增加用户的参与度和忠诚度，还能为广告主提供更精准的广告投放和营销机会。这些工具的不断创新和改进为用户和企业带来了更好的推荐体验和商业价值。

2.3.4　社交媒体管理工具

社交媒体管理工具是现代企业进行网络营销的重要工具，通过AIGC技术分析用户行为和话题趋势，帮助企业进行社交媒体营销和内容推广。

1. 国内的社交媒体管理工具

（1）微博营销助手：微博推出的智能营销工具，通过 AIGC 技术分析用户行为和话题趋势，帮助企业进行社交媒体营销和内容推广。

（2）微信公众平台智能助手：微信官方推出的智能助手工具，利用 AIGC 技术，提供数据分析、粉丝管理等功能，帮助企业更好地运营微信公众号。

2. 国外的社交媒体管理工具

（1）Hootsuite：一款领先的社交媒体管理平台，它集成了多个社交媒体平台的管理工具，帮助企业进行社交媒体营销、内容管理和数据分析。

（2）Sprout Social：一款综合性的社交媒体管理工具，提供社交媒体发布、监测、分析等功能，帮助企业建立和管理社交媒体品牌形象。

2.3.5　营销自动化工具

营销自动化工具利用 AIGC 技术，自动化营销流程和活动的执行，它们可以根据用户行为和触发条件，自动发送个性化的营销信息，提醒用户参与活动，从而提高用户参与度和转化率。

1. 国内的营销自动化工具

国内营销自动化工具结合了一些主流媒体，为企业提供全面的营销解决方案。以下是几个国内知名的营销自动化工具，它们结合了多种媒体平台，为企业提供更精准、个性化的营销策略。

（1）微博推广：微博是中国最大的社交媒体平台之一，微博推广是一款广告投放工具，结合了微博的用户数据和广告位资源，帮助企业在微博平台进行精准广告投放。通过 AIGC 技术，微博推广能够根据用户的兴趣、行为和关注内容，将广告展示给具有潜在购买意向的目标用户。

（2）头条系广告平台：由字节跳动旗下的多个媒体平台研发的广告投放平台，包括今日头条、抖音、西瓜视频等。它们结合用户的浏览行为、兴趣标签和地理位置等数据，通过 AIGC 技术实现个性化的广告推送。企业可以利用头条系广告平台进行精准的定向广告投放，提高广告的曝光度和转化效果。

（3）百度 SEM：百度搜索引擎推出的搜索引擎营销工具，通过 AIGC 技术分析用户的搜索关键词和行为，为企业提供个性化的广告投放服务。百度

SEM 结合用户的搜索意图和地理位置等因素，帮助企业实现在百度搜索结果页面上的精准广告投放。

以上这些国内营销自动化工具结合主流媒体平台的用户数据和广告资源，利用 AIGC 技术实现个性化的广告投放和营销策略。企业可以根据自身需求选择合适的工具，提升营销效果和品牌曝光度。

2. 国外的营销自动化工具

国外的营销自动化工具在全球范围内广泛应用，提供了丰富的功能和服务，以下是几个国外知名的、主流常见的营销自动化工具。

（1）HubSpot：营销自动化平台，提供全方位的市场营销工具和功能，它利用 AIGC 技术，帮助企业进行目标客户定位、自动化邮件营销、社交媒体管理等，实现个性化的营销策略。

（2）Marketo：一款营销自动化工具，提供营销自动化、电子邮件营销、社交媒体营销等功能。通过 AIGC 技术，Marketo 能够分析用户行为和兴趣，自动发送个性化的营销信息，并实时跟踪营销活动的效果。

（3）Salesforce Pardot：Salesforce 推出的营销自动化平台，帮助企业管理和执行营销活动，它利用 AIGC 技术，提供个性化的营销内容和自动化的触发器，帮助企业实现更好的营销效果和客户参与度。

以上这些国外的营销自动化工具在全球范围内得到广泛应用，它们提供丰富的功能和服务，帮助企业实现营销活动的自动化和效果跟踪。企业可以根据自身需求选择合适的工具，提升营销效果、增加销售转化和提高客户满意度。

第 3 章　AIGC 在营销文案中的应用

在营销活动中，文案起着至关重要的作用。好的营销文案能够吸引潜在客户的注意力，激发他们的兴趣，引导他们进行购买或采取其他行动。然而，撰写出优秀的营销文案并非易事，需要考虑目标受众、传递有效的信息、引发情感共鸣等多个因素。

本章将探讨 AIGC 在营销文案中的应用，将介绍营销文案的定义、作用、基本要素和基本分类。随后，我们将重点关注标题和正文两个关键部分，并探讨如何利用 AIGC 技术来优化撰写过程和提升文案的效果。

此外，我们还将探讨 AIGC 在不同营销场景下的应用，包括社交媒体文案、产品营销文案、宣传文案、短视频文案、活动文案、软文等，通过学习 AIGC 在这些场景中的应用案例，读者将更好地理解如何利用人工智能技术提升营销文案的质量和效果。

接下来，我们将深入探讨标题撰写与优化以及正文撰写与优化的方法，帮助读者在撰写营销文案时更加高效和有创造性。让我们一起进入第 3 章，探索 AIGC 在营销文案中的广泛应用和潜力。

3.1 营销文案基础知识

在现代商业环境中，营销文案是一种重要的工具，用于传达产品或服务的价值、吸引潜在客户的注意力，并促使他们采取购买或其他行动。在本节中，我们将介绍营销文案的定义、作用、基本要素和基本分类，帮助你全面了解和掌握营销文案的重要性和应用。

3.1.1 营销文案的含义和特点

1. 营销文案的含义

营销文案是指在营销活动中使用的文字内容，旨在通过精心挑选的语言、表达方式和呼吁行动与目标受众进行有效的沟通和互动，它是营销策略的重要组成部分，通过精练、吸引人的文字表达，将产品或服务的特点、优势和价值传递给潜在客户，从而引起他们的兴趣、激发购买欲望，并最终促使他们采取购买、注册、参与活动等行动。

　　营销文案通常通过各种营销渠道，如广告、宣传资料、网站、社交媒体、电子邮件等，采用多种形式，如标题、副标题、段落、标语、口号、广告词等传播。营销文案的目标是吸引读者的注意力，打动他们的情感，引发共鸣，创造与产品或服务相关的积极联想，并最终促使他们采取行动，实现营销目标。

　　一个好的营销文案应该具备清晰、简洁、有吸引力的特点，能够准确传达产品或服务的核心信息，强调其独特卖点和价值主张，同时创造出与目标受众之间的共鸣和情感联系。通过巧妙地运用文字、情感和心理诱导等方法，营销文案能够有效吸引目标受众的关注，激发他们的兴趣，并促使他们采取进一步行动，从而实现营销目标的达成。

2．营销文案的特点

　　在了解了营销文案的定义之后，我们将进一步探讨营销文案的特点。好的营销文案主要具有以下特点，如图 3-1 所示。

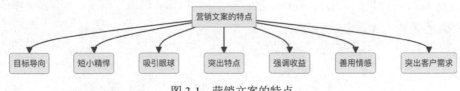

图 3-1　营销文案的特点

　　（1）目标导向：营销文案目的明确，即为销售产品或服务，因此必须紧紧围绕目标展开。

　　（2）短小精悍：营销文案通常要求简洁明了，字数不多，每个句子都要充分表达产品或服务的特点和优势。

　　（3）吸引眼球：营销文案需要用各种手段吸引目标受众的注意力，用生动有趣的语言引导读者进一步了解产品或服务。

　　（4）突出特点：营销文案需要突出产品或服务的特点和优势，让目标受众能够看到其独特之处，从而激发购买欲望。

　　（5）强调收益：营销文案需要以产品或服务的好处、收益为出发点，告诉目标受众购买产品或服务的收益点和优势。

　　（6）善用情感：营销文案需要善于运用情感因素，通过情感化的表达方式，让目标受众有情感共鸣，从而提高购买意愿。

　　（7）突出客户需求：营销文案需要结合目标受众的需求和痛点，用客户感受来设计语言，让受众有种"这正是我所需要的"的感觉。

综上所述，营销文案需要以引人注目、简洁明了、突出独特卖点、引发情感共鸣、调动行动为特点，同时针对目标受众进行定位和优化，以实现营销目标和增强营销效果。下面我们通过了解营销文案的作用，进一步明晰营销文案的重要性，从而明确 AIGC 对于文案生产的重要性和必要性。

3.1.2　营销文案的作用

营销文案的主要作用是引起消费者的注意并促使其采取行动，即促成销售。它可以有效地传达产品或服务的特点、优势和价值，同时提高品牌知名度和消费者的购买意愿。营销文案可以通过各种渠道广泛传播，如广告、宣传册、网站、社交媒体等，不仅可以吸引潜在客户的注意，还可以建立品牌形象和忠诚客户基础。营销文案的作用可以归纳为如图 3-2 所示的几点。

图 3-2　营销文案的作用

（1）吸引注意力：营销文案通过吸引人的标题、引人入胜的开头或独特的呈现形式，引起目标受众的注意并激发他们的购买欲望。

（2）提高销售：营销文案的目的是增加销售量，好的营销文案可以促进销售和提高转化率。

（3）塑造品牌形象：通过精心设计的营销文案，可以塑造一个公司或品牌的形象，使其更有吸引力和更容易被消费者接受。

（4）建立品牌认知度：好的营销文案可以有效地建立品牌的认知度，提高品牌在市场中的知名度。

（5）建立客户关系：营销文案可以利用语言和情感，使客户感到亲近和信任，从而建立良好的客户关系。

（6）拓展市场：通过营销文案，可以扩大目标客户群，拓展新市场，占领更多的业务份额。

（7）提高竞争力：好的营销文案可以提高产品或服务的竞争力，使其更具吸引力，从而在市场竞争中占据优势。

（8）提高客户忠诚度：通过营销文案，可以让现有客户更加喜欢公司或品牌，增加客户忠诚度，提高长期销售量。

由此可见，一个好的文案不仅可以传递价值、突出产品的特点、解决问题以及缩小与竞争对手的差异，还可以激发目标受众的兴趣和欲望。

【备注】营销文案的目的是促使受众采取具体行动，如购买产品、注册服务、参与活动等。因此，文案必须包含明确的呼吁行动和相关的指导，引导受众按照预期行动，实现营销目标。

3.1.3　营销文案的基本要素

一个成功的营销文案通常是由标题、描述、呼吁行动、证据和社会证明等四个基本要素组成，如图 3-3 所示。本节将介绍营销文案的要素组成，从而进一步帮助读者拆解 AIGC 对于不同营销文案维度的智能化的内容生成。

图 3-3　营销文案的基本要素

1. 标题

引人注目的标题是吸引读者注意的关键，它应该简明扼要地传达核心信息，同时具有吸引力和独特性。例如，健身应用的广告标题："30 天，塑造更好的你！"。这个标题非常直接和具有吸引力。它明确地告诉读者，只需要 30 天，他们就可以看到自己的改变，这种改变是积极的、向好的。这个标题充满了激励和挑战，使得读者想要点击了解更多。同时，它也传达出该应用的核心价值——帮助用户在短时间内改善身体状况。

例如，环保产品的广告标题："为地球投票，选择绿色生活！"。这个标题充满了情感和责任感。它鼓励读者通过选择环保产品来"为地球投票"，这是一种强烈的视觉和情感呼唤，使得读者感到他们的选择具有重要性。同时，这个标题也传达了产品的核心价值——环保和可持续。这种标题对于关心环保的消费者来说具有很大的吸引力。

2. 描述

文案中的描述应为消费者提供更详细的信息，使他们更加了解产品的特点和功能。描述中不仅要明确目标受众（明确目标受众是谁，以便针对性地制定营销策略，而且还要突出商品的独特卖点，突出产品的独特之处，让消费者了解产品的价值和特点）。

例如，一款面向年轻人的健康饮食应用的文案："你是一位热爱生活、注重健康的年轻人吗？尝试我们的健康饮食应用吧！我们提供个性化的饮食建议，帮助你根据自己的身体状况和口味选择最适合的食物。让我们一起，用科学的方式享受美食，追求健康生活！"

这个文案明确了目标受众——热爱生活、注重健康的年轻人。突出了产品的独特卖点——提供个性化的饮食建议，帮助用户选择最适合的食物。

3. 呼吁行动

营销文案必须包含明确的呼吁行动，即希望读者采取的具体行动。这可以是购买产品、注册服务、参与活动，或了解更多信息等，以实现营销目标。

例如，一款面向独立艺术家的艺术品销售平台的营销文案："你是一位富有创造力的艺术家，是否在寻找一个展示和销售你作品的平台？立即加入我们的艺术品销售平台，让世界看到你的才华！"

这个文案中的呼吁行动是"立即加入我们的艺术品销售平台，让世界看到你的才华！"，非常明确，让读者知道他们应该做什么。同时，这个呼吁行动也与文案的主题和目标受众的需求紧密相关，能有效地引导读者采取行动。

4. 证据和社会证明

为了增强文案的可信度，可以引用客户的案例、用户的评价或专家的推荐等证据和社会证明，以证明产品或服务的价值和可靠性。

另外，有些营销文案中还包括奖励，即为客户提供一些额外的奖励，如优惠券或礼品，以增强他们的购买欲望。

例如，一款面向运动爱好者的运动装备网站的营销文案："加入我们的运动社区，享受专业运动装备的优惠！我们的客户 Tom 说：'这是我用过的最好的运动装备，我已经推荐给了所有的朋友。'现在注册，你还可以获得价值 50 元的优惠券，让你的运动之旅更加愉快！"

这个文案中引用了客户的评价作为社会证明，增强了文案的可信度。同时，还提供了额外的奖励——价值 50 元的优惠券，增强了客户的购买欲望。

3.1.4　营销文案的分类

根据不同的目标和应用场景可以将营销文案分为广告文案、宣传文案、产品文案、网站文案、社交媒体文案、活动文案等几种类型，如图 3-4 所示。

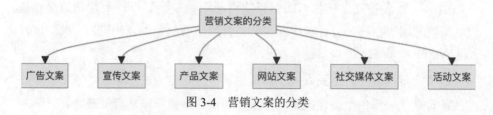

图 3-4　营销文案的分类

（1）广告文案：用于各种广告媒体上，旨在吸引目标受众的注意力，并促使其采取购买或参与行动。

（2）宣传文案：用于品牌宣传、产品推广或活动宣传等，通过生动的语言和图像来传达信息，提高品牌知名度和认可度。

（3）产品文案：重点展示产品的特点、功能和优势，帮助消费者了解产品的价值，促使其购买或使用。

（4）网站文案：用于网站页面的文字内容，旨在吸引用户、提供信息和引导用户完成特定的行动，如注册、购买等。

（5）社交媒体文案：适用于社交媒体平台，通过简洁、有趣的文案来吸引用户的注意力，增加互动和分享。

（6）活动文案：主要用于促销活动、营销活动、线上线下活动等，目的是吸引参与者和潜在客户，增加品牌曝光度和用户互动。

3.2　标题撰写与优化

在营销文案中，标题起着至关重要的作用。一个吸引人的标题可以引起读者的兴趣，进而促使他们继续阅读文案的内容。本节将介绍如何利用 AIGC 技术来优化标题，生成多样化的标题，并通过自动化测试和优化来提升标题的效果。

3.2.1 营销文案标题的特点与要求

营销文案标题的重要性是不言而喻的，一个好的营销文案标题不仅能够起到很好的产品营销作用，而且还能带来更多的销量订单，从而提升企业的知名度和销售额。对于一个文案初学者来说，只有掌握了营销文案标题的特点和要求，才能写出可以抓住读者注意力的营销文案标题。

1. 营销文案标题的特点

一则优秀的营销文案标题，应该具有以下特点。

（1）短小精悍：标题要求简洁明了，让读者一眼就能够理解文章的主题。

（2）引人入胜：标题需要引起读者的兴趣，让他们想要进一步了解产品或服务。

（3）独特卖点：标题要突出产品或服务的独有卖点，吸引读者的注意力。

（4）突出优势：标题应突出产品或服务的优势，使消费者意识到使用该产品或服务的好处。

（5）激发好奇心：标题应该能够激发消费者的好奇心，让他们想要了解更多关于产品或服务的信息。

（6）引发情感共鸣：标题应引起消费者情感共鸣，使其感到产品或服务能够解决他们的问题或满足他们的需要。

（7）SEO 优化：标题需要优化关键词，以便更容易被搜索引擎识别，使排名靠前。

2. 营销文案标题的要求

（1）简单易懂：使读者一看就能够清晰明了地理解文案的核心内容。

（2）有针对性：根据不同的受众群体，制定不同的营销文案标题，从而让标题能够准确地反映文案内容，吸引更多的目标受众。

（3）突出市场卖点：市场卖点是指产品或服务的优势和特点，好的营销文案标题应该能够将市场卖点突出，并且对读者产生吸引力。

（4）立体感强：除了要求标题简单明了之外，还要让标题尽可能具有立体感，让读者能够从标题中感受到具体的场景和印象，从而使文章更加生动有趣。

（5）要符合法律法规：如实描述产品或服务特点，不得出现虚假的广告。

3.2.2 营销文案标题的常用技巧

营销文案的标题之所以非常重要，主要在于它肩负着吸引注意、筛选读者、传达完整信息，以及引导读者阅读内文的使命。在本节中，我们将探讨如何创作令人印象深刻的文案标题，以吸引读者的关注并提高内容的曝光度。我们将分享一些实用的技巧和策略，以及丰富的案例和示例，帮助读者在文案创作中脱颖而出。下面介绍创作营销文案标题的一些常用技巧，希望能让大家学以致用，不断提升写作水平。

（1）制造情感共鸣：利用标题中的情感词语，触发读者的情感共鸣。例如，"感动心灵的真实故事：一个人的奋斗与胜利"或"震撼人心的纪录片：勇敢者的最后一战"。

（2）引用案例或成功故事：使用引人注目的案例或成功故事，为你的标题增加说服力和吸引力。例如，"他们用这个简单方法实现了1000%的销售增长"或"这个普通人如何成为世界顶级运动员"。

（3）创造独特的视角或观点：通过独特的视角或观点来吸引读者的兴趣。例如，"从逆境中崛起：如何将失败转变为成功的秘诀"或"解密行业内最独特的创新策略"。

（4）使用幽默或讽刺：幽默和讽刺可以引发读者的笑声或思考，并吸引他们进一步了解你的内容。例如，"抛弃烦恼，拥抱喜悦：如何成为真正的笑料之王"或"别再犯这些错误了！六个让人尴尬万分的社交媒体失误"。

（5）采用问题解决方法：识别读者的痛点或问题，并在标题中提供解决方案。例如，"不再担心旅行途中的孤独：寻找真正的旅伴的秘诀"或"如何克服拖延症，成为高效能的工作达人"。

（6）利用数字和具体细节：使用数字和具体细节可以使标题更具说服力和可信度。例如，"7个简单步骤，帮助你迅速掌握一门新技能"或"每天只需5分钟，让你的生活变得更健康、更美好"。

通过运用这些技巧和策略，结合丰富的案例和示例，就可以写出令人印象深刻的文案标题。记住，标题的目标是吸引读者的注意力，让他们对你的内容产生兴趣，并进一步探索你所提供的信息。确保标题与文案内容相符，并在整个文案中保持内容的丰富性和情感的饱满度，这样读者就能够获得有价值的阅读体验。

3.2.3　传统运营人工生成标题过程

传统的由运营人员进行标题撰写的过程通常耗费大量的时间精力以及沟通成本等，运营人员需要充分了解产品情况和产品背景，协调相关人员讨论方案、测试和效果评估，最后再持续进行优化等，不仅很难快速规模化测试，而且输出标题的时间成本也会比较高，一般会经历以下九个过程。

（1）确定目标受众：首先，运营人员需要明确广告或内容的目标受众是谁，了解他们的需求、兴趣和偏好，以便在标题中有针对性地传达信息。

（2）确定广告内容：在撰写标题之前，运营人员需要明确广告或内容的主题和核心信息。这样能够确保标题与广告内容一致，并且能够吸引目标受众的注意力。

（3）进行头脑风暴：运营人员可以组织一个头脑风暴会议或与团队成员讨论，收集不同的创意和想法。头脑风暴有助于激发创意，并挑选最佳的标题选项。

（4）确定关键信息：标题通常是简洁明了的，所以运营人员需要确定哪些关键信息是必须包含在标题中的，这样可以确保标题能够直接传达核心信息。

（5）制订备选方案：基于头脑风暴和讨论，运营人员可以制订几个备选的标题方案。这些备选方案可以包括不同的风格、表现形式和词语。

（6）测试和评估：在确定最终标题之前，运营人员可以进行测试和评估。可以包括内部团队的反馈，也可以通过小范围试运营在真实受众中测试不同标题的效果。

（7）选择最佳标题：根据测试和评估的结果，运营人员可以选择最佳的标题，确保它能够最有效地吸引目标受众并传达所需信息。

（8）编辑和优化：选定标题后，运营人员需要进行最后的编辑和优化。确保标题语言简练、吸引人，并且没有拼写或语法错误。

（9）监测和反馈：一旦标题在广告或内容中使用，运营人员需要密切监测其效果，并根据实际反馈和数据进行调整和优化。

以上过程可以帮助运营人员制定吸引人的标题，但需注意，每个广告项目和平台可能有不同的需求和限制，运营人员需要根据具体情况进行调整和灵活应用，由于人员的局限性，所以标题的产生更具有情感性和主观性。

3.2.4　使用AIGC技术生成标题

传统的标题撰写方法可能受限于人的创造力和经验，而利用 AIGC 技术可以帮助我们生成多样化的标题，提高吸引力和效果。

利用 AIGC 技术可以帮助营销人员优化标题的创意和表达方式。通过使用自然语言处理和机器学习算法，AIGC 工具可以分析大量的文本数据和营销数据，找到关键词、热点话题和成功案例，从而生成更具吸引力和创新性的标题。这种技术可以帮助营销人员更好地吸引读者的注意力，提高文案的点击率和转化率。

AIGC 技术可以应用于各种平台和场景，用于生成标题。通过使用 AIGC 技术，用户可以轻松地生成各种类型的标题，包括新闻报道、广告宣传、社交媒体内容等。用户只需输入相关信息或关键词，AIGC 就会利用其强大的自然语言处理和机器学习能力，生成吸引人的标题。

使用 AIGC 生成标题的方法通常是简单易用的。用户只需登录 AIGC 相关平台，按照指引提供所需的信息，例如主题、关键词、受众群体等。接下来，AIGC 会运用其训练过的模型和算法，分析输入的内容，并生成多个潜在的标题候选项。用户可以从中选择最符合需求的标题，或根据生成的候选项做进一步的编辑和优化。

AIGC 技术的使用场景非常广泛。它可以应用于新闻媒体，帮助编辑部门快速生成引人注目的新闻标题。在广告和营销领域，AIGC 可以生成具有创意和吸引力的广告标题，提高品牌曝光度和用户参与度。此外，社交媒体平台也可以利用 AIGC 技术生成吸引人的内容标题，吸引用户的关注和分享。以下是一些通过 AIGC 技术生成的多样化标题示例。

1. 案例使用"秘塔写作猫"生成广告语标题

（1）进入"秘塔写作猫"页面，单击"AI 写作"选项进入操作页面，选择"广告语"模板，输入文字为"大牌香水"；文案长度选择为"短"，生成结果如图 3-5 所示。

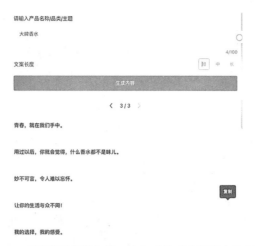

图 3-5　"秘塔写作猫"第一次生成的"大牌香水"标题

（2）如果对生成结果不满意，可以单击页面最下方"换一批"按钮，即可智能化再生成一批新的标题，如图 3-6 所示。

图 3-6　"秘塔写作猫"第二次生成"大牌香水"标题

（3）如果觉得标题长度不符合要求，可以更换长短，尝试将文案长度选择"中"，单击"生成内容"按钮，生成结果如图 3-7 所示。

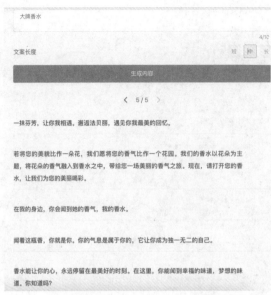

图 3-7 "秘塔写作猫"第三次生成"大牌香水"标题

2. 案例使用"妙笔"一键生成标题

在广告和营销领域，使用 AI 技术不仅可以帮助广告商生成更多的创意广告标题，而且还能提高广告生成效率。通过利用生成模型采样和强化学习方法，可以生成多个引人注目的广告标题。例如，使用巨量创意的"妙笔"，可以一键帮用户智能生成投放标题。用户在抖音、今日头条、穿山甲等平台投放广告，平台会根据历史数据、网民比较感兴趣的内容、风格等，智能化地推荐产品营销标题。

（1）进入妙笔操作页面，行业选择"美容化妆 / 香水"，输入关键词"大牌香水"，生成结果如图 3-8 所示。

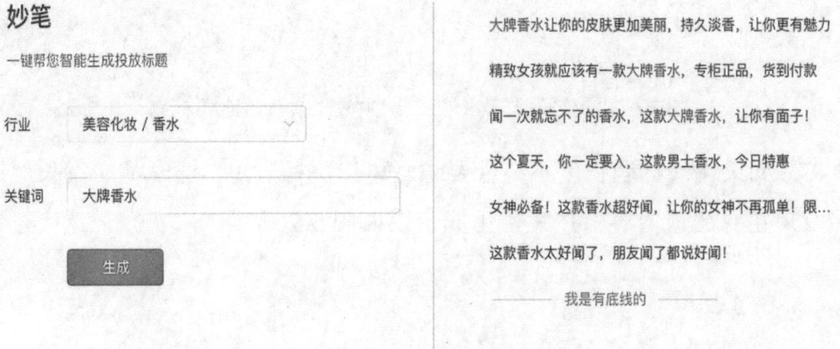

妙笔

一键帮您智能生成投放标题

行业	美容化妆 / 香水
关键词	大牌香水

生成

大牌香水让你的皮肤更加美丽，持久淡香，让你更有魅力

精致女孩就应该有一款大牌香水，专柜正品，货到付款

闻一次就忘不了的香水，这款大牌香水，让你有面子！

这个夏天，你一定要入，这款男士香水，今日特惠

女神必备！这款香水超好闻，让你的女神不再孤单！限……

这款香水太好闻了，朋友闻了都说好闻！

———— 我是有底线的 ————

图 3-8 妙笔生成"大牌香水"标题

（2）如果对于生成结果不满意，可以再次单击"生成"按钮，会产生新的推荐结果，如图 3-9 所示。

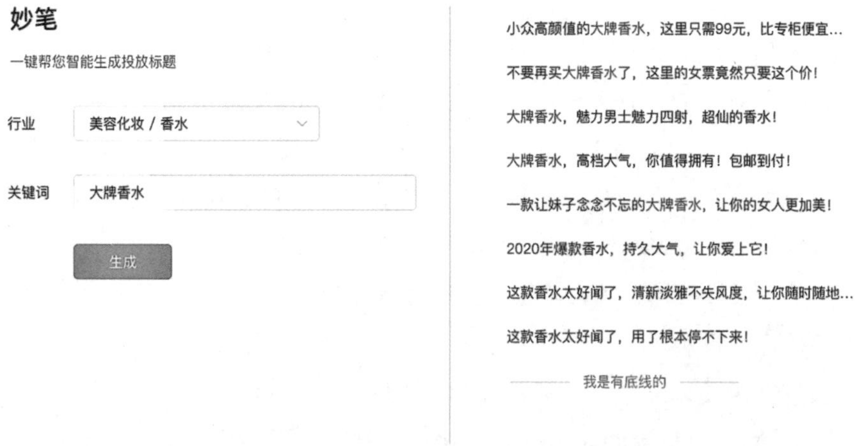

图 3-9　再次生成"大牌香水"标题

通过以上案例，可以看到多样化标题生成在不同领域具有广泛的应用前景，能够满足不同读者的需求和兴趣。

3.2.5　利用AIGC技术优化标题

在内容生成的过程中，标题不仅是读者首次接触任何文章或内容的第一部分，而且在吸引读者、提供关键信息、驱动用户行为方面具有决定性的影响，抖音、阿里巴巴、腾讯等媒体在短视频的内容生产中，着重强调和研究更具有创意的标题，因为它对提升视频的点击率至关重要。因此，优化标题是一项重要的任务，而 AIGC 技术在这方面提供了强大的工具。

如何使用 AIG 技术优化标题？以下是一些使用 AIGC 技术优化标题的步骤和方法。

（1）数据收集和分析。首先，收集和分析相关的用户数据，包括用户的点击行为、阅读时间、用户对不同标题类型的反应等。

（2）生成标题。根据收集的数据，使用 AIGC 技术生成标题。这个过程可以是自动的，也可以是半自动的，即由人工智能生成标题，然后由人类编辑进行修改和优化。

（3）实施 A/B 测试。创建多个标题版本，并进行 A/B 测试，以确定哪个标题的效果最好。

（4）持续优化。基于测试结果和持续收集的用户数据，使用 AIGC 技术进行持续的标题优化。

【案例】以 ChatGPT 平台为例，利用 AIGC 技术优化标题。

案例介绍：笔者将文章标题和链接发到 ChatGPT 上，建议它推荐一些更好的标题。由于 ChatGPT 并不清楚背后的内容是什么，所以 ChatGPT 只能根据它的历史推荐 3 个比较优质的标题。然后，输入网址读取链接的正文内容，希望它能根据正文内容输出优质的标题。结果生成了 5 个标题，不仅比第一次更加准确，同时也抓住了文章想要表达的情感。

其操作过程如下：

我的输入：【大厂第一批被裁的人，开始摆摊了】

https://baijiahao.baidu.com/s?id=1767181981754777197&wfr=spider&for=pc

优化该标题，给出 3 个推荐。

ChatGPT：这个标题的原意似乎是讲述一个大公司首批被裁员工开始摆摊的故事。这里是三个可能的优化标题建议。

1. 大公司首批裁员者转行摆摊：一次人生的重新开始。

2. 大厂裁员后的新生：第一批被裁的员工的摆摊历程。

3. 从公司到街头：大厂首批裁员者如何开始他们的摆摊生涯。

我的输入：读取以下链接内容。

https://baijiahao.baidu.com/s?id=1767181981754777197&wfr=spider&for=pc

ChatGPT: I was able to open the link and read its content. The page appears to be a news articlefrom a Chinese source, dated May 29, 2023. The article talks about people who were laidoff from large companies and have started their own stalls to make a living. Here aresome key points from the article:

1. The article tells the story of a person named "Abu", who was laid off from a largecompany where they were earning a monthly salary of 20,000 yuan. Abu startedrunning a small stall and found it to be a joyful and liberating experience, whichhelped them overcome the anxiety of being laid off1.

2. Abu's experience with running a stall started a few years back when they were sellingself-made merchandise at concert venues. This earned them a small profit, with thehighest one-time earning being 1600 yuan at a K-pop concert1.

3. Another person mentioned in the article, "Xingxing", started their stall by selling apopular online drink, "Violently Beaten Lemon Tea". They rented a stall in a newlyopened shopping mall for 20 yuan/day and managed to sell 67 cups of tea in twodays, making over 1500 yuan over the weekend1。

我的输入：好的，根据以上获取的内容，推荐几个热门的标题。

ChatGPT：根据以上内容，这里是几个热门的标题建议。

1. 被裁员工转型摆摊：重新定义自由与快乐。

2. 摆摊小白的成功故事：从大厂裁员到月入上万。

3. 摆摊经济：大厂裁员激发个体创业热潮。

4. 摆摊：从穷困到自由，大公司员工的新生活方式。

5. 摆摊故事：从大厂到街头，见证人生百态。

希望这些标题能够满足您的需求！

如果我们选择在抖音上投放广告标题，则需要使用 ChatGPT 将原标题优化为具有抖音平台属性特点的标题。

原标题为"大牌香水大师调制新品特惠下单立享优惠"，该标题中规中矩，比较平平，希望使用 ChatGPT 进行优化。因为提供的内容有限，所以 ChatGPT 优化会具有局限性。第一次生成结果如图 3-5 所示；因为抖音标题字符限制不超过 20 个字，所以笔者追加了字数限制，第二次生成结果如图 3-6 所示；生成结果结构类似，建议其重新推荐，第三次生成结果如图 3-7 所示。

我的输入：大牌香水 大师调制 新品特惠 下单立享优惠。根据该标题，推荐一些更加受欢迎，更加能提升点击率的标题，广告投放媒体平台为抖音。

ChatGPT：根据您提供的标题和广告投放媒体平台为抖音，这里是一些能够提升点击率的标题建议。

1. 独家特惠！大师调制的大牌香水新品，限时折扣，快来下单吧！

2. 限时特惠！大师调制的顶级大牌香水新品，独家优惠等你来抢！

3. 超值优惠！抢购大师调制的最新大牌香水，享受独特气质的味觉盛宴！

4. 抖音独家！限时折扣！大师调制的顶级大牌香水新品，品质与优惠并存！

5. 热门新品限时特惠！大师调制的大牌香水，为您带来尊贵体验的同时还能省钱！

这些标题结合了大师调制、新品特惠和下单立享优惠的关键词，并强调了独家、限时折扣以及在抖音平台上的特殊性。希望这些标题能够吸引更多用户点击您的广告！

　　我的输入：每个标题不超过 20 个字。

　　【知识扩展】抖音的标题限制 40 个字符。

　　ChatGPT：非常抱歉，我给出的标题长度超过了您的要求。请允许我提供一些更加简洁的标题，每个标题不超过 20 个字。

　　1. 独家特惠！大师调制新香水，抖音下单享优惠！

　　2. 抖音热卖！大师调制大牌香水，新品限时优惠！

　　3. 超值折扣！大师调制新品香水，抖音立享特惠！

　　4. 限时特惠！大师调制新香水，抖音抢购优惠！

　　5. 热门新品！大师调制香水，抖音下单特价优惠！

　　这些标题保持简洁，并突出了独家特惠、抖音平台和新品的关键信息。希望这些标题能够满足您的要求！

　　我的输入：以上标题结构类似，能否多样化地展示。

　　ChatGPT：当然，我可以为您提供更多多样化的标题选项。在以下的标题建议中，我将尝试提供不同的表达方式和词汇选择，以增加标题的多样性。

　　1. 大师调制新品香水，抖音独享超值特惠！

　　2. 限时折扣！大师调制全新香水，抖音购买更划算！

　　3. 大师调制香水新品特惠，抖音用户独家优待！

　　4. 抖音限定！大师调制新香水，立即购买享超值优惠！

　　5. 热卖中！大师调制新品香水，抖音下单尊享特惠价！

　　6. 特惠来袭！抖音独家大师调制新品香水优惠抢购！

　　7. 大师调制新香水抖音特卖，下单立减，优惠享不停！

　　8. 抖音必抢！大师调制新品香水限时优惠，快速下单！

　　9. 大师调制全新香水，抖音购买更便宜，特惠抢先体验！

　　10. 抖音独享！大师调制新品香水特价促销，立即下单！

　　总的来说，AIGC 是一种强大的工具，可以大大提高标题的吸引力和有效性。然而，值得注意的是，尽管 AIGC 具有很大的潜力，但它也有其局限性，例如，它可能会过度依赖训练数据，导致生成的内容缺乏创新和多样性。此外，AIGC 生成的内容的质量和适用性也可能受到数据质量和模型训练方法的影响。

最近，大规模模型在 AIGC 中变得越来越重要，因为它们提供了更好的意图提取，从而改善了生成结果。随着数据的增长和模型的大小，模型可以学习的分布变得更全面，更接近现实，从而导致更真实和高质量的内容生成。然而，与之前的工作相比，最近 AIGC 的核心进步是训练更复杂的生成模型在更大的数据集上，使用更大的基础模型架构，并访问大量的计算资源。

另外，研究人员也在探索如何将新技术与 GAI 算法结合。例如，ChatGPT 利用来自人类反馈的强化学习（RLHF）来确定给定指令的最合适的响应，从而使模型的可靠性和准确性随着时间的推移而提高。这种方法使 ChatGPT 能够更好地理解人类在长对话中的偏好。同时，在计算机视觉中，Stability.AI 在 2022 年提出的稳定扩散也在图像生成中取得了巨大的成功。与之前的方法不同，生成扩散模型可以通过控制探索和利用之间的权衡，帮助生成高分辨率的图像，从而在生成的图像和训练数据的相似性之间实现和谐的结合。

通过结合这些进步，模型在 AIGC 任务上取得了显著的进步，并已被各行业采用，包括艺术、广告和教育。在不久的将来，AIGC 将继续是机器学习研究的重要领域。

总体来说，利用 AIGC 技术优化标题是一个复杂而重要的过程，需要充分理解用户的需求和行为，同时利用最新的 AI 技术和算法。虽然这个领域仍然面临许多挑战，但随着 AIGC 技术的不断发展，我们有理由相信，未来的标题生成将更高效、更个性化、更有吸引力。

然而，需要注意的是，AIGC 并不能取代人类的创新力和创造力，它是一个工具，可以帮助我们更有效地生成和优化标题，但最终，高质量的标题仍然需要人类的直觉、理解和创造力。因此，我们应该把 AIGC 视为一种辅助工具，而不是一种替代工具，它可以帮助我们更好地理解和满足用户的需求，同时保持我们的创新和创造力。

3.2.6 自动化标题测试与优化

在 AIGC 领域中，生成高质量的标题是至关重要的。然而，仅仅依靠生成模型或算法并不能保证生成的标题符合预期的标准。因此，对生成的标题进行自动化测试和优化是必不可少的环节。本节将介绍自动化标题测试与优化的方法和技术。

AIGC 工具可以帮助通过与目标受众的互动和反馈数据的分析，评估不同标题的点击率、转化率和互动度等指标，并提供相应的优化建议。这样的自动化测试和优化过程可以节省时间和精力，同时提高文案的效果和营销 ROI。

1. 标题评估指标

为了评估生成的标题质量，需要定义一些评估指标，以下为常用的标题评估指标。

（1）流行度：标题是否能够吸引读者的兴趣和点击率。

（2）相关性：标题是否与文章内容相关，能够准确地概括文章的主题。

（3）长度：标题的长度是否适中，既能够吸引读者，又不至于过长或过短。

（4）可读性：标题是否易于理解和阅读，使用了简洁明了的语言。

（5）创新性：标题是否具有独特和创新的表达方式，能够引发读者的兴趣。

2. 自动化标题测试方法

为了自动化地评估生成的标题，可以使用以下方法。

（1）人工标注：将生成的标题提交给人工评估者进行评分和反馈。然而，这种方法费时费力，且可能存在主观性和一致性的问题。

（2）语言模型：利用预训练的语言模型，如 BERT 或 GPT，来评估生成的标题的语法正确性和上下文连贯性。

（3）文本相似度：计算生成的标题与原始文本之间的相似度，以衡量标题的相关性和准确性。

（4）用户反馈：利用用户的反馈数据，如点击率、阅读时长等指标，评估标题的吸引力和流行度。

3. 自动化标题优化方法

基于标题的评估指标和测试方法，可以采用以下方法对生成的标题进行优化。

（1）生成模型的微调：通过在生成模型中引入标题评估指标作为损失函数的一部分来优化生成的标题。这样可以使模型在生成过程中更加关注评估指标，从而生成更好的标题。

（2）强化学习：利用强化学习方法，通过与用户进行交互来优化生成的标题。用户的反馈可以作为奖励信号，指导模型生成更具吸引力和流行度的标题。

（3）集成方法：结合多个生成模型或优化算法，通过生成多个候选标题并利用标题评估指标进行排序和筛选，选择最佳的标题。

国内外已经有很多成熟平台可以进行自动化标题优化，比如国内的百度NLP开放平台提供了一系列自然语言处理相关的工具和 API，包括文本相似度计算、摘要生成和关键词提取等功能，这些功能可以用于评估生成标题的质量和相关性。腾讯 AI 开放平台提供了多个自然语言处理 API，如文本摘要和关键词提取等。这些 API 可以用于评估生成标题的准确性和质量，并进行自动化标题优化。国外的 ROUGE（Recall-Oriented Understudy for Gisting Evaluation）是一种用于评估文本摘要质量的常用工具，可以用于评估生成的标题与原始文本之间的相似性。它计算候选摘要与参考摘要之间的重叠度，包括 n-gram 重叠和序列重排序等指标。

需要注意的是，这些工具和平台是通用的，可以在 AIGC 领域中应用于标题测试和优化。具体选择哪些工具和平台取决于具体需求和实际情况。此外，领域内也可能会有其他专门用于标题测试和优化的工具和平台，可以根据实际情况做进一步的调研和探索。

通过以上内容，我们了解了在营销文案中利用 AIGC 技术优化标题的重要性，以及多样化标题生成和自动化标题测试与优化的实际应用。第 4 章将探讨如何用 AIGC 技术优化营销文案正文，引发读者的情感共鸣和购买欲望。

3.3 正文撰写与优化

在营销文案中，正文是传递产品或服务信息、建立品牌形象和激发购买意愿的重要部分。本节将介绍如何利用 AIGC 技术来优化正文的撰写，包括利用 AIGC 技术优化正文内容、正文文案生成和自动化文案测试与优化。

3.3.1 AIGC生成正文文案

在当今信息爆炸的时代，营销人员需要快速、准确地撰写吸引人的正文文案来推广产品或服务。然而，传统的文案撰写过程通常耗时且需要专业的写作技巧，在这样的背景下，AIGC 工具的出现为营销人员提供了一种全新的解决方案。

1. AIGC生成文案原理

AIGC 工具利用人工智能技术和自然语言处理算法，能够自动分析、理解和生成符合要求的正文文案。通过输入产品的相关信息，如产品特点、优势、目标受众的需求以及品牌定位，AIGC 工具能够生成多个备选的正文文案，涵盖不同风格和呈现方式。

在生成正文文案的过程中，AIGC 工具首先通过对大量语料库和数据的学习，建立起对语言规则和语义的深入理解。然后，基于这些学习，它能够快速分析输入的产品信息和目标受众需求，并根据预设的规则和模型，生成符合要求的正文文案。

这种自动生成文案的过程带来了多种好处。首先，它大大减轻了营销人员的撰写负担，节省了时间和资源。营销人员不再需要花费大量时间思考和编写文案，可以将更多精力投入策略制定和其他重要的营销工作中。

其次，AIGC 工具生成的正文文案具有一致性和专业性。由于 AIGC 工具的算法和模型在大量数据的训练和学习中积累了丰富的经验，所生成的文案在语言表达和风格上保持一致，符合专业写作标准。这对于提升品牌形象、确保信息传递的准确性非常重要。

在使用 AIGC 工具生成正文文案时，营销人员仍然扮演着重要的角色。他们需要提供准确、清晰的产品信息和目标受众需求，以确保 AIGC 工具生成的文案符合实际情况和预期效果。此外，营销人员还可以根据需要对生成的文案进行微调和优化，以满足特定的营销策略和目标。

2. AIGC生成文案实现方法

然而，尽管 AIGC工具在正文文案生成方面具有许多优势，但也需要注意一些潜在的挑战和限制。例如，AIGC 工具仍然需要不断的优化和更新，以提升文案生成的质量和适应性。此外，对于某些特殊领域或颇具创意性的文案需求，AIGC 工具可能需要进一步的人工干预和创造力。

总之，AIGC 工具的出现为营销人员带来了一种高效、一致且专业的正文文案生成方法。通过合理地运用 AIGC 工具，营销人员可以减轻撰写负担，提高工作效率，并确保正文文案的质量和效果。然而，需要注意在使用过程中的适应性和挑战，以充分发挥 AIGC 工具的潜力，实现营销目标的同时满足品牌形象和用户体验的需求。

3.3.2　利用AIGC技术优化正文

AIGC技术可以帮助营销人员优化正文的撰写，提高文案的质量和效果。通过分析大量的文本数据和市场信息，AIGC工具可以生成更具吸引力、准确性和个性化的正文内容。这种技术可以帮助营销人员更好地传达产品或服务的特点、优势和价值，引起目标受众的兴趣和共鸣。

利用AIGC技术可以对已有的正文进行优化，使其更加流畅、清晰，并提升其表达效果。通过使用自然语言处理和生成模型，AIGC可以分析现有的正文，并提供修改建议和改进方案。

利用AIGC技术，可以快速而准确地分析和优化已有的正文内容。AIGC工具能够检查语法错误、消除冗余词语、调整句子结构，并提供更加恰当的词汇选择。这些智能化的修改建议能够让我们以更高效、更富表达力的方式书写，使得我们的文字流畅、易读，更容易引起读者的共鸣。

更令人振奋的是，AIGC技术还可以根据不同的写作风格和目标受众，提供个性化的优化建议。无论是正式的学术论文，还是富有创意的文学作品，AIGC都能够为我们量身定制最合适的优化方案。它不仅提供改进建议，还可以从不同的角度呈现同一段落的表达方式，给予我们更多的选择和灵感。

使用AIGC技术优化正文的操作方法如下。

（1）以百度的AI创作平台为例，AI文笔功能包括提炼精简，即将较长的文字内容，提炼为笔记和文笔润色，专业、活泼等文风可以随心切换，如图3-10所示。

图3-10　AI文案优化界面

（2）选择"提炼精简"选项，输入近期"女子用餐被收 700 元服务费"的新闻，单击"生成文案"按钮，即可将 300 多字的长篇文字提炼为几十字的文案，如图 3-11 所示。

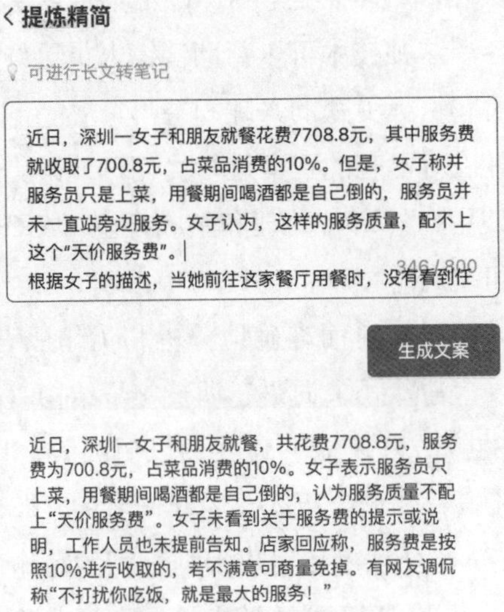

> 〈 提炼精简
>
> 💡 可进行长文转笔记
>
> 近日，深圳一女子和朋友就餐花费7708.8元，其中服务费就收取了700.8元，占菜品消费的10%。但是，女子称并服务员只是上菜，用餐期间喝酒都是自己倒的，服务员并未一直站旁边服务。女子认为，这样的服务质量，配不上这个"天价服务费"。
>
> 根据女子的描述，当她前往这家餐厅用餐时，没有看到任
>
> 346/800
>
> 生成文案
>
> 近日，深圳一女子和朋友就餐，共花费7708.8元，服务费为700.8元，占菜品消费的10%。女子表示服务员只上菜，用餐期间喝酒都是自己倒的，认为服务质量不配上"天价服务费"。女子未看到关于服务费的提示或说明，工作人员也未提前告知。店家回应称，服务费是按照10%进行收取的，若不满意可商量免掉。有网友调侃称"不打扰你吃饭，就是最大的服务！"

图 3-11　AI 提炼精简结果

（3）选择"文笔润色"选项，输入 3.2 节生成的香水文案，单击"专业"按钮，生成的文案如图 3-12 所示。

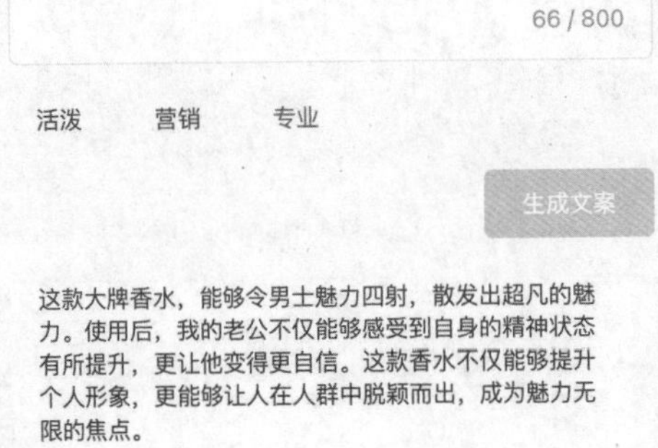

> 〈 文笔润色
>
> 💡 支持不同文风的改写和润色
>
> 大牌香水，魅力男士魅力四射，超仙的香水！
> 我老公用完之后整天散发的男人魅力，觉得人也变帅了，看着也精神了，而且他自己也变得更自信了。
>
> 66 / 800
>
> 活泼　　营销　　专业
>
> 生成文案
>
> 这款大牌香水，能够令男士魅力四射，散发出超凡的魅力。使用后，我的老公不仅能够感受到自身的精神状态有所提升，更让他变得更自信。这款香水不仅能够提升个人形象，更能够让人在人群中脱颖而出，成为魅力无限的焦点。

图 3-12　AI 文笔润色结果

AIGC技术在文案优化中除了常见的应用于常规的文稿校对方面，还可以优化为更具吸引力、准确性和个性化的正文内容。

- 语言表达优化：AIGC技术可以分析大量的文本数据，并学习其中的语言表达模式。基于这些模式，它可以帮助优化文案中的语言表达方式，使其更加流畅、准确和吸引人。
- 关键词选择：AIGC技术可以通过分析目标受众的兴趣和需求，自动选择最具影响力的关键词。这有助于提高文案在搜索引擎中的排名，并吸引更多的目标受众。
- 情感驱动的文案：AIGC技术可以识别文本中的情感色彩，并帮助优化文案以引发读者的情感共鸣。它可以识别情感词汇、故事性叙述和情感驱动的呼吁，从而使文案更具说服力和吸引力。
- 个性化文案生成：AIGC技术可以根据不同的目标受众特征和偏好生成个性化的文案。它可以根据读者的兴趣、地域、年龄等因素调整文案的内容和表达方式，从而更好地与目标受众进行沟通。

总之，使用AIGC技术能够帮助用户更好地优化营销文案，助力产品的宣传，更大程度地提升产出效率。

3.3.3　自动化文案测试与优化

一旦生成了正文文案，接下来需要进行测试和优化。AIGC工具可以帮助营销人员自动化地进行文案测试和优化。通过分析数据、反馈和市场反应，AIGC工具可以评估文案的效果，并提供改进建议。这样的自动化测试和优化过程可以提高文案的质量和效果，增加目标受众的参与和购买欲望。

传统上的文案测试和优化需要大量的人力和时间投入，但现在可以利用AIGC自动化工具来简化和加速这个过程。

1. 自动化文案测试工具

自动化文案测试工具通过使用人工智能技术和数据分析算法，能够对生成的正文文案进行评估和分析。这些工具可以自动收集和分析文案的关键指标，如点击率、转化率、用户反馈等，以衡量文案的效果。此外，它们还可以进行A/B测试，将不同版本的文案进行对比，以找到最佳的表现。

2. 数据驱动的优化

通过自动化文案测试工具收集的数据，营销人员可以进行数据驱动的优化。他们可以分析文案在不同渠道和受众群体中的表现，发现文案的优点和缺点。基于这些分析，他们可以针对性地优化文案的关键要素，如标题、段落结构、呼吁行动等，以提高文案的效果和回报率。

3. 用户反馈和调查

自动化文案测试工具可以帮助营销人员收集用户反馈和意见。通过调查问卷、用户评论和社交媒体的互动等方式，营销人员可以了解受众对文案的看法和感受。这些反馈可以提供有价值的洞察，帮助营销人员进一步优化文案，使其更符合用户的期望和需求。

4. 实时优化与个性化

自动化文案测试工具的优势之一是能够提供实时的优化和个性化支持。根据收集的数据和用户反馈，营销人员可以及时进行文案的调整和优化，以适应市场和受众的变化。此外，他们还可以根据不同的受众群体生成个性化的文案，以提高与用户的连接和互动。

自动化文案测试与优化的过程并非一次性的，而是一个持续不断的迭代过程。营销人员可以根据不同的营销活动和阶段，反复进行测试、分析和优化，以不断提升文案的效果和回报率。

值得注意的是，尽管自动化文案测试工具可以提供有力的数据和分析支持，但人工的判断和直觉仍然是不可或缺的。营销人员应该综合利用自动化工具的结果与自身的经验和洞察，做出准确、有创意的优化决策。比如，如图 3-13 所示是抖音某作品的视频跳出分析数据。这里就需要进行人工数据分析，00：02 秒的跳出率最高，达到了 35%，可能是该秒内容不受欢迎，是镜头问题、文案问题还是拍摄问题等需要进行进一步分析。

通过自动化文案测试与优化，营销人员能够更加科学、高效地改进和优化生成的正文文案，

图 3-13　抖音上某短视频跳出率数据

以提高营销效果、增强品牌形象，实现更好的市场影响力。

学习完 AIGC 对于标题和正文的优化，接下来将具体结合实际的应用场景展开案例的讲解和分析。

3.4　AIGC 在营销文案中的应用实战

本节将介绍 AIGC 在不同营销场景中的文案应用，包括社交媒体文案、产品营销文案、宣传文案、短视频文案、活动文案、软文（SEO 文章、新闻稿等）以及其他文案，如简历、知识学习、面试流程和日常生活。本节主要以 ChatGPT 和快文 CopyDone 为生成工具。

3.4.1　使用AIGC工具生成社交媒体文案

社交媒体平台如微博、微信、抖音等是推广和互动的重要渠道。AIGC 可以帮助生成吸引人眼球的社交媒体文案，吸引用户的注意力并促使互动。通过输入关键信息和目标受众需求，AIGC 工具可以生成符合社交媒体平台特点和用户品位的文案，提升内容的分享度和传播效果。下面以生成"时尚鞋履品牌文案"为例来讲解不同社交媒体平台生成的文案内容。

1. 生成适合微博调性的社交媒体文案

在微博这一微型博客平台上，用户通常偏向短小精悍的文案，因此 AIGC 可以生成具有鲜明亮点和引人入胜的文案，吸引用户的注意。

我的输入： 你是营销领域的专家，你需要写一篇 100 字以内的关于"时尚鞋履品牌"营销文案，发布在微博平台，需要参考微博平台的发文风格。

ChatGPT：【时尚与你，只在一步之间】# 时尚鞋履 # 在艺术与潮流的碰撞中，我们缔造了品质与风格的完美结合。独特设计，匠心制作，只为穿上它的你，走出无与伦比的自我风采！不论是商务场合还是周末派对，每一步都展现你的独特气质。速来店铺，享受全场 8 折优惠 !# 时尚就在你脚下 #。

2. 生成适合微信调性的社交媒体文案

在微信这一主要社交通信平台上，用户更注重内容的实用性和分享性。因此，AIGC 可以生成有趣、实用、引发互动的文案，以引起用户的兴趣去参与。

我的输入：你是营销领域的专家，你需要写一篇 100 字以内的关于"时尚鞋履品牌"营销文案，发布在微信平台，需要参考微信平台的发文风格。

ChatGPT：春风十里，不如你的每一步！我们的时尚鞋履品牌献给那些追求品质和风格的你。每一双鞋，都是我们对艺术和潮流的独特诠释，以匠心制作，尽显个性风采。无论是职场会议，还是休闲时光，我们始终陪你走在时尚的路上。点击底部链接，享受全场 8 折优惠，更有神秘礼品等你来拿！

3. 生成适合抖音调性的社交媒体文案

在抖音这一短视频平台上，用户更偏爱视觉冲击力和创意感的文案。AIGC 可以生成引人注目、节奏感强烈的文案，以吸引用户在短时间内产生共鸣并进行互动。

我的输入：你是营销领域的专家，你需要写一篇 100 字以内的关于"时尚鞋履品牌"营销文案，发布在抖音平台，需要参考抖音平台的发文风格。

ChatGPT："# 时尚鞋履 # 你的每一步都值得被看见！我们的鞋履，是艺术与潮流的完美融合，无论是在工作场合还是在派对中，都能让你成为焦点。匠心制作，独特设计，给你带来舒适与时尚的双重体验。立即购买，享受全场 8 折优惠！点击下方链接，让我们一起，步步为赢！# 走你的风格路 #"。

此外，在使用 ChatGPT 时，用户给的指令越精确，它的回答会越到位，举例来说，假如你要请它帮忙写文案，如果没给予指定情境与对象，它会不知道该如何回答得更加准确。所以，用户在对 ChatGPT 提问时，可以先假定给它一个角色，让它带入情景当中，并且指令尽量精准。如上我的提问，可以提炼为如下句式：假如你是【某个角色】，你需要写一篇【字数】的【类型】文案，发布在【平台】，需要参考【平台】风格。

通过 AIGC 生成的社交媒体文案，营销人员可以更有效地吸引用户的注意力，并促使用户进行互动和分享。这样的自动生成过程不仅减轻了营销人员的撰写负担，还确保了文案在不同社交媒体平台上的一致性和专业性。最终，这有助于提升品牌在社交媒体上的曝光度和传播效果。

3.4.2　使用AIGC工具生成产品营销文案

产品营销文案对于产品推广和销售至关重要。AIGC 可以生成针对不同产品特点和目标受众的营销文案。通过输入产品的关键信息和优势，AIGC 工具能够生成突出产品卖点和吸引人的文案，帮助营销人员吸引目标受众的注意力，并促使他们采取购买行动。

下面的操作以快文 CopyDone 工具为例，通过输入产品的关键信息和优势，AIGC 工具能够快速生成突出产品卖点和吸引人的文案。

（1）进入 CopyDone 平台，选择"商品文案"模板，选择不同的产品，这里选择香水，如图 3-14 所示。

图 3-14　快文 CopyDone 平台

（2）在"商品"描述页面，输入产品的品牌为"文泽"、商品类型为"车载香水"、商品描述为"固体香膏车载香水持久淡香香氛汽车内用品车上空气清新剂车用香熏"，核心卖点为固体香膏、车载香水、持久淡香、车用香熏、车上空气清新剂，文案长度为"中文案"，如图 3-15 所示。

（3）单击"立即生成"按钮，即可生成引人注目的营销文案，如图 3-16 所示。

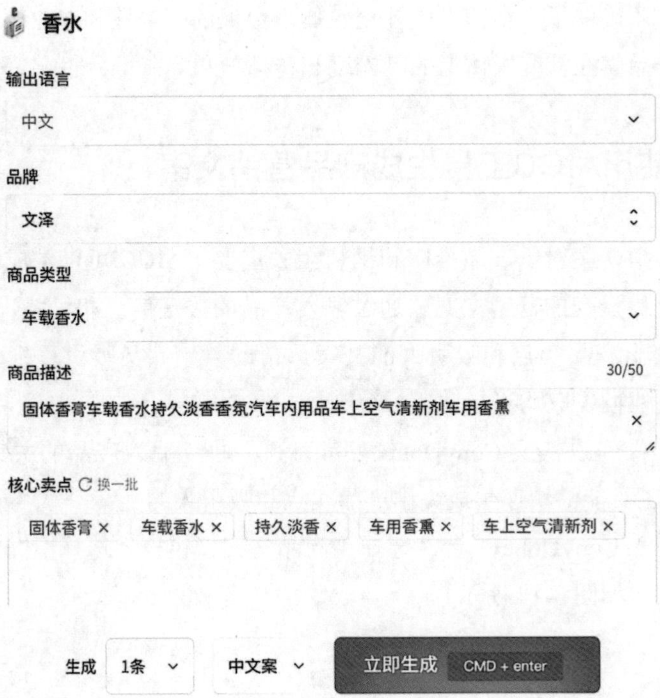

香水

输出语言

中文

品牌

文泽

商品类型

车载香水

商品描述　30/50

固体香膏车载香水持久淡香香氛汽车内用品车上空气清新剂车用香薰　×

核心卖点 ⟳ 换一批

固体香膏 ×　　车载香水 ×　　持久淡香 ×　　车用香薰 ×　　车上空气清新剂 ×

生成　1条 ⌄　　中文案 ⌄　　立即生成　CMD + enter

图 3-15　香水的商品描述

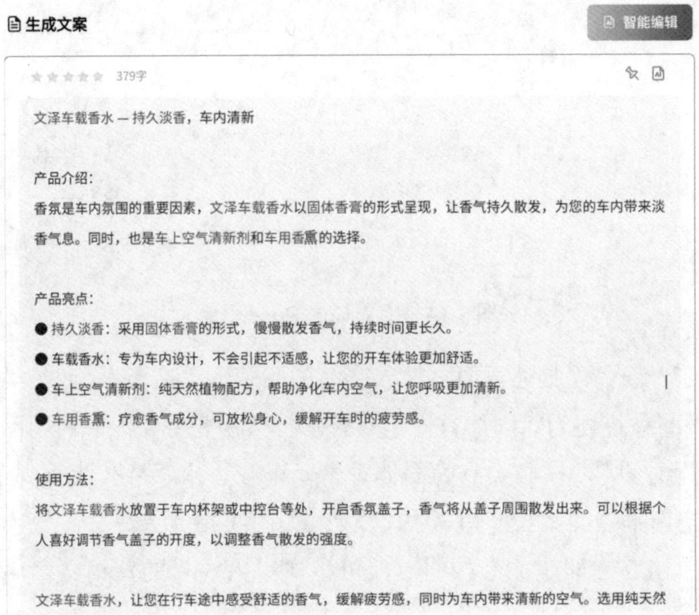

📄 生成文案　　　　　　　　📄 智能编辑

★★★★★　379字　　　　　　　　⤢ 📄

文泽车载香水 — 持久淡香，车内清新

产品介绍：
香氛是车内氛围的重要因素，文泽车载香水以固体香膏的形式呈现，让香气持久散发，为您的车内带来淡
香气息。同时，也是车上空气清新剂和车用香薰的选择。

产品亮点：
● 持久淡香：采用固体香膏的形式，慢慢散发香气，持续时间更长久。
● 车载香水：专为车内设计，不会引起不适感，让您的开车体验更加舒适。
● 车上空气清新剂：纯天然植物配方，帮助净化车内空气，让您呼吸更加清新。
● 车用香薰：疗愈香气成分，可放松身心，缓解开车时的疲劳感。

使用方法：
将文泽车载香水放置于车内杯架或中控台等处，开启香氛盖子，香气将从盖子周围散发出来。可以根据个
人喜好调节香气盖子的开度，以调整香气散发的强度。

文泽车载香水，让您在行车途中感受舒适的香气，缓解疲劳感，同时为车内带来清新的空气。选用纯天然

图 3-16　香水的商品文案

【备注】以上文案 AI 生成，部分错误需根据用户需求调整。

如果对生成的文案不满意，可以单击右上角的"智能编辑"进行调整，同时还可以使用文案左下方的图片和视频功能，添加图片或者一键生成视频。

通过 AIGC 生成的产品营销文案，能够更加高效地吸引目标受众的注意力，并促使他们采取购买行为。这种自动生成的过程不仅减轻了营销人员的撰写负担，还确保了文案的一致性和专业性。最终，这有助于提升产品在市场中的曝光度、销售量和用户体验。

3.4.3　使用AIGC工具生成宣传文案

宣传文案在推广品牌、活动或特定事件时起到重要的宣传作用。AIGC 工具可以帮助生成具有吸引力和创意的宣传文案。通过输入宣传目的和目标受众的需求，AIGC 工具可以生成符合宣传目标的文案，传递信息并引起受众的兴趣与共鸣。

本节使用 ChatGPT 来写宣传文案，可以按照以下步骤进行。

（1）确定宣传的目标和关键信息：明确宣传的目的、受众和要传达的关键信息，包括品牌价值、产品特点、活动亮点等。

（2）输入关键信息和要求：将确定的关键信息和要求输入给 ChatGPT。可以提供一些关键词、宣传口号或简短的描述，以帮助 ChatGPT 理解您的需求。

（3）生成初稿：根据输入的信息，ChatGPT 将生成一个初步的宣传文案。这可能是一个段落或几个句子，是描述宣传内容、吸引受众的关键点等。

（4）审查和编辑：审查 ChatGPT生成的初稿，并根据需要进行编辑和调整。可以修改句子结构、选择词汇、添加创意元素，以使文案更加吸引人、有说服力和符合品牌风格。

（5）优化和完善：根据反馈和需求，进一步优化和完善宣传文案。可以通过多次与 ChatGPT 的交互来逐步完善文案，直到达到预期的效果。

（6）人工润色：尽管 ChatGPT可以提供有用的创意和起草文案，但最后一步是由人工进行润色。可以通过校对文案、修正语法错误、确保流畅性和准确性等方式来提升文案的质量。

【重要提示】在使用 ChatGPT 生成宣传文案时，请记住它是一个生成文本的模型，无法保证生成的文案完全符合期望。审查和编辑生成的文案，以确保最终的文案符合需求和品牌形象。另外，为了获得更好的结果，可以尝试不同的输入方式与 ChatGPT 互动，逐步优化文案，以实现更好的宣传效果。

本节使用 ChatGPT 生成一篇关于中关村人工智能创新大会的宣传文案，没有提供大会流程信息，后期训练过程中为了生成的结果更加准确也可以提供相应的准确的信息。

我的输入：用 ChatGPT 帮我生成一篇关于中关村人工智能创新大会的宣传文案，开会时间为 5 月 17 日。

ChatGPT：【中关村人工智能创新大会】开创 AI 未来，共享智能盛宴！

1. 时间：5 月 17 日

2. 地点：中关村国际会展中心

3. 探索智能未来

中关村人工智能创新大会将于 5 月 17 日在中关村国际会展中心盛大开幕！作为人工智能领域的顶级盛会，我们邀请了行业内的顶尖专家和创新者，共同探索智能未来的无限可能。

4. 主题演讲和讨论

这场大会将围绕人工智能的前沿技术和创新应用展开，涵盖机器学习、深度学习、自然语言处理、计算机视觉等领域。与会嘉宾将分享最新的研究成果、成功案例和发展趋势，助力您洞察行业动态，把握创新机遇。

5. 交流与合作

中关村人工智能创新大会为您提供一个广泛交流和合作的平台。与行业领袖、创业者和投资者面对面交流，拓展您的人脉圈，并发现合作伙伴和商机。

6. 不可错过的活动亮点

顶级专家的主题演讲和技术分享

创新企业的展示与推介

AI 领域的投资和融资论坛

人工智能应用的现场体验

与 AI 行业精英的深入交流

7. 迎接 AI 新时代

无论您是从业者、创业者还是对人工智能感兴趣的观众，中关村人工智能创新大会都将为您带来前沿洞见和创新思维，引领您进入 AI 新时代的浪潮！

　　现在就预订您的席位，与全球 AI 领域的创新者共同开启智能未来的篇章！

中关村 AI 创新大会。

智能未来共享。

#5 月 17 日，敬请期待！

　　注意：本文案由 ChatGPT 生成，最终的文案效果还需经过人工润色和编辑。

　　整体的宣传文案的风格呈现、逻辑表达均比目前在百度上可以搜到的干巴巴的文案更加丰富和饱满，但是因为 ChatGPT 数据更新为 2021 年 9 月，所以其实它并不知道大会具体的内容和流程，这需要进行人工审查和编辑。

3.4.4　使用AIGC工具生成活动文案

　　活动文案在推广营销活动、线上或线下活动中起着重要的宣传和引导作用。AIGC 可以帮助生成活动文案，吸引用户的参与和关注。通过输入活动主题、时间、地点和目标受众的需求，AIGC 工具可以生成吸引人眼球的文案，增加活动的曝光度和参与度。以下是用 AIGC 生成的一些文案示例。

1. 线下展览活动

输入内容：

- 主题：艺术展览
- 时间：6 月 15 日至 6 月 30 日
- 地点：市美术馆
- 目标受众：艺术爱好者

生成文案：

　　"沉浸于艺术的海洋！欢迎参加我们的艺术展览，时间为 6 月 15 日至 6 月 30 日，在市立美术馆举行。欣赏来自世界各地的顶级艺术品，感受艺术的魅力。与艺术家交流，领略独特的艺术视角！＃艺术展览＃"。

2. 线上研讨会

输入内容：

- 主题：创业成功秘籍
- 时间：7 月 10 日
- 目标受众：创业者和企业家

生成文案：

"揭秘创业成功的秘籍！我们将于 7 月 10 日举行一场在线研讨会，与成功创业者和企业家分享他们的经验和故事。了解他们的成功之道，掌握创业的精髓。一起启迪思维，开创未来！＃创业成功＃"。

3. 线上促销活动

输入内容：

- 主题：夏日狂欢购物节
- 时间：8 月 1 日至 8 月 15 日
- 目标受众：在线购物者

生成文案：

"夏日狂欢购物节，全球最佳优惠等你来！从 8 月 1 日至 8 月 15 日，参与我们的线上促销活动，享受惊喜折扣和免费礼品。为夏日注入时尚活力，尽享购物乐趣！＃夏日购物节＃"。

通过 AIGC 生成的活动文案，营销人员可以获得吸引人的创意和文案灵感，以增加活动的曝光和参与度。这种自动生成的过程不仅减轻了营销人员的撰写负担，还确保了文案的一致性和专业性。最终，这有助于提升活动的宣传效果、参与度和成功度。

第 4 章 AIGC 在数字营销中的应用

本章将重点介绍 AIGC 在数字营销领域的应用。随着 AI 技术的快速发展，AIGC 工具在数字营销中发挥着越来越重要的作用。从图片设计生成到短视频制作，从淘宝换装到 AI 换脸，从智能云剪辑到数字人直播，AIGC 提供了各种强大的工具和技术，帮助营销人员提升创意、效率和用户体验。

4.1 节将探讨 AIGC 在图片设计生成中的应用。了解如何利用 AIGC 工具创造吸引人的图标、海报和广告图，提升品牌形象和宣传效果。

4.2 节将介绍 AIGC 在淘宝换装方面的应用。了解如何利用 AIGC 工具进行虚拟试衣体验，生成个性化的搭配建议，提升用户在电商平台的购买体验。

4.3 节将深入探讨 AIGC 在短视频生成中的应用。了解如何利用 AIGC 工具创作引人注目的短视频内容，提升短视频的传播效果和用户参与度。

4.4 节将介绍 AIGC 在 AI 换脸技术方面的应用。了解如何利用 AIGC 工具制作有趣、创意的换脸视频，并在社交媒体上引起用户的关注和分享。

4.5 节将探讨 AIGC 在智能云剪辑中的应用。了解如何利用 AIGC 工具优化自动化视频剪辑流程，提高视频制作的效率和质量。

4.6 节将介绍 AIGC 在数字人直播中的应用。了解如何利用 AIGC 创建数字化主播，提供个性化直播体验，扩大直播范围和影响力。

通过本章的学习，读者将深入了解 AIGC 在数字营销中的应用，掌握如何利用这些强大的工具和技术来提升营销效果、创造创新内容，并与目标受众建立更紧密的连接。无论是增强品牌形象、提高产品销售，还是扩大社交媒体影响力和用户参与度，AIGC 在数字营销中将成为不可或缺的利器。

4.1　使用 AIGC 制作营销相关图片

在数字营销中，图像是一种强大的传达工具，能够吸引用户的注意力并传达品牌和产品的价值。然而，对于许多营销人员来说，设计高质量的图标、海报和广告图可能是一项具有挑战性的任务。这时，AIGC 就能发挥重要作用。

在本节中，我们将重点介绍 AIGC 在图片设计生成中的应用。无论是设计一个吸引人的图标，还是制作一个引人注目的海报或广告图，AIGC 工具可以为你提供创意和灵感，并帮助你快速生成专业水准的设计作品。

通过输入关键信息、选择风格和样式，AIGC 工具可以生成符合您需求的图标、海报和广告图。它能够帮助你提高设计效率，同时保持一致性和专业性。不论您是小型企业、创业者还是营销团队，AIGC 的应用都能帮助您创造出令人印象深刻的视觉内容，提升品牌形象和传达信息。

AIGC 工具在图片生成领域可主要用于壁纸、插画、漫画、平面设计、Logo、App 图标、游戏 UI、建筑 / 室内、服装设计 / 摄影、平面包装等的灵感创作。适合人群包括设计师、插画师、美术指导、创意总监、自媒体人、创意 / 视觉行业工作人员等一切内容创作者和 AI 爱好者。

让我们继续深入探索 AIGC 在图片设计生成方面的应用，了解如何利用这些工具和技术来提升数字营销的视觉效果和吸引力。无论您是有设计经验的专业人士，还是刚入门的新手，AIGC 都能为您提供有力的支持和创作灵感。

4.1.1　使用AIGC绘制Logo、海报和产品图

在数字营销中，吸引人的 Logo、海报和产品图片对于品牌的形象和宣传至关重要，它们不仅能够吸引用户的注意力，还能够有效传达品牌的核心价值和个性。在过去，设计这些图像作品可能需要专业的设计师和大量的时间和精力。然而，如今随着 AIGC 技术的发展，生成吸引人的 Logo、海报和产品图片变得更加便捷和高效。

AIGC 工具在生成吸引人的 Logo 方面发挥着重要作用。通过输入品牌名称、所属行业和样式偏好，AIGC 可以生成一系列独特、有创意和专业的 Logo 设计选项，这些 Logo 设计选项不仅考虑到品牌的特点和定位，还结合了最新的设计趋势和用户喜好。通过 AIGC 生成的 Logo 设计选项，营销人员可以选择最适合品牌的 Logo，并通过微调和优化来打造独特的品牌标识。

例如，使用"标小智"工具生成 Logo 图片。在 AIGC 相关软件页面中，输入品牌名称"造梦师"，设置颜色、字体，即可批量生成 15 个 Logo 图片供用户选择，如图 4-1 所示。如果有喜欢的风格，就可以单击选择此风格图片继续编辑。

此外，AIGC 工具还可以根据不同的需求生成定制化的海报和产品图。通过输入活动主题、目标受众和关键信息，AIGC 可以提供多种设计选项，包括版式、字体、颜色和元素的搭配。用户可以根据生成的设计样式进行调整和优化，以确保最终作品符合品牌形象和营销目标。

图 4-1　Logo 设计结果

　　例如，在 Midjournry 中输入指令："Realistic true details photography of sports shoes, y2k, lively, bright colors, product photography,SonyA7RIV,cleansharp focus--ar3:2--niji5-"，生成 4 张关于运动鞋的照片，包含运动鞋的细节展示，如图 4-2 所示。

图 4-2　运动鞋设计图片

　　如果有喜欢的图片，可直接单击对应的 U 按钮即可放大该图片查看效果，如图 4-3 所示。

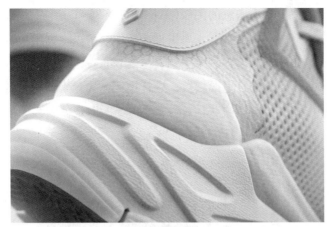

图 4-3　U4 运动鞋图片大图

如果喜欢某张图片，即可点击 V 按钮对应的数字，即可生成与该系列相似的图片，如图 4-4 所示。用户可以根据图片再进行微调，直到优化为满意的效果为止。

图 4-4　V3 运动鞋相似图片生成

除了生成设计作品，AIGC 工具还可以提供创意灵感和设计建议。通过分析行业趋势、用户喜好和最新设计风格，AIGC 可以为您提供关于图像设计的建议和指导。这些建议可以帮助您理解当前流行的设计趋势，掌握市场上的竞争态势，并为您的设计作品注入创新和独特的元素。

在图像设计中使用 AIGC 工具的好处不仅体现在提高设计效率和质量上，还体现在保持一致性和专业性方面。由于 AIGC 生成的设计作品是基于输入的关键信息和参数，因此可以确保不同设计作品之间的一致性，无论是在品牌标识、海报还是广告图上。同时，AIGC 工具在设计方面的专业性也可以帮助非专业设计人员制作出令人满意的图像作品，提升数字营销的视觉效果。

例如，在"美图秀秀"中打开海报设计模块，可以根据用户需求选择不同的电商模板，比如淘宝主图、种草主图、电商 banner、跨境电商以及电商公告等模板。用户只需要选择合适的模板，进行模板上的元素编辑，就可以根据用户需求生成相应的海报或者宣传图片，如图 4-5 所示是使用"美图秀秀"海报设计模块制作的一个"618 大促"的海报。

图 4-5   "棒球帽" 618 海报

总而言之，AIGC 在图像设计中的应用为营销人员和非设计专业人员提供了一个强大而高效的工具。通过 AIGC 工具，可以快速生成高质量的图标、海报和广告图，提升品牌形象，吸引用户的注意力，并在数字营销中获得更好的效果。不论您是创业者、市场营销专业人员还是自由职业者，AIGC 工具都将成为您设计创意图像的得力助手，助您在竞争激烈的市场中脱颖而出。

4.1.2   使用AIGC生成吸引人的插画、漫画

在本节中，我们将探讨如何使用 AIGC 工具生成吸引人的插画和漫画，以增强我们的营销策略。AIGC 工具具有强大的潜力，可以帮助我们在数字营销领域实现显著的进步。

首先，AIGC 工具可以为我们提供快速生成图片的能力。借助先进的机器学习技术和神经网络，这些工具可以理解我们的需求并在几分钟内创造出我们需要的插画或漫画。这种速度与效率上的优势让我们有更多的时间来专注于其

他营销策略和决策。

在漫画、插画中，可以借助 AIGC 工具寻找灵感，生成想要的图片。

例如：使用"造梦日记"绘制不同风格的插画图片。

（1）绘画设置。画面描述为"蓝眼白发的少年特写，金色的光环绕，天使光环"；类型为"流光少年"；风格为"二次元风格"，如图 4-6 所示，生成的效果如图 4-7 所示。

图 4-6 "流光少年"造梦描述　　　图 4-7 "流光少年"二次元风格

（2）设置风格分别为"写真"和"超级拟真风格"，生成的图像效果如图 4-8、图 4-9 所示。用户可以对生成的图片进行编辑和调整，最终生成自己满意的图片。

图 4-8 "流光少年"写真风格　　　图 4-9 "流光少年"超级拟真风格

其次，AIGC 工具可以创作出具有高度个性化和独特性的插图或漫画。我们可以通过提供具体的需求（比如风格、颜色或主题等），让其生成符合品牌形象和营销目标的图片。

例如，在给一个旅行公司做营销活动时，需要制作一幅具有活泼和积极色彩的插图，以及描绘户外探险的元素，用 Midjourney 生成的图片效果如图 4-10 所示。

图 4-10　旅游公司宣传图

例如，使用 AIGC 工具生成古诗插画。古诗内容为"黄河之水天上来，奔流到海不复回。""大鹏一日同风起，扶摇直上九万里"。

（1）首先，要用 ChatGPT 将古诗翻译为英文："The Yellow River's waters come from the heavens, rushing to the sea, never to return." "Like a greatroc starting on its flight with the wind, soaring up to ninety thousand miles."

（2）然后，使用 Midjourney 进行图片生成，完成后的图片效果如图 4-11 所示。

图 4-11　古诗图片生成

【**提示**】由于存在中英文理解的差异，生成的图片不一定合适，因此，需要进行多次训练。

使用 AIGC 工具生成插画也降低了成本。无须雇用专职的设计师或插画师，也无须购买昂贵的图像软件，只需使用这个工具，就能得到需要的插图和漫画。这样，一个设计师需要 7 天画完的连载漫画，现在使用 AIGC 工具可能只需要 10 分钟就可以完成。

例如，使用 Midjourney 绘制多格漫画 / 分镜脚本。设置相应的漫画参考风格和故事描述，生成漫画图片效果如图 4-12 所示。

图 4-12　漫画风格图片生成

用户可以生成不同风格的漫画，比如现在比较流行的日本漫画家的"新海诚"风格，输入指令"Study, sunny, glass, bookshelf, desk, greenery, --ar16:9--s80--niji5-"，生成漫画图片效果如图 4-13 所示。

图 4-13　"新海诚"风格图片生成

虽然 AIGC 工具有许多优点，但也需要谨慎使用。我们应始终确保所制作的插图和漫画符合品牌的价值观和理念，以及遵守所有相关的版权法规。

总的来说，AIGC 工具为营销策略提供了一种新的方式，使我们能够在短时间内生成高质量、个性化的插图和漫画。我们应当充分利用这种工具，以增强品牌形象和吸引更多的潜在客户。

4.1.3　使用AIGC生成表情包和手办图

在本节，我们将探讨如何使用 AIGC 工具生成表情包和手办图片。这些元素在当今社交媒体营销中越来越重要，尤其是在与年轻消费者的互动中。

首先，让我们来看看 AIGC 如何制作表情包。表情包是一种流行的在线通信方式，通过图像或文本，有效地传递情绪和信息。通过 AIGC 可以创建高度定制和品牌特有的表情包，与我们的受众产生更深的连接。

例如，使用 AIGC 生成一系列描绘品牌吉祥物在快乐、悲伤、兴奋等不同情绪下的表情包。可爱柴犬表情包如图 4-14 所示。

图 4-14　可爱柴犬表情包

下面探讨 AIGC 制作手办图片。

手办，也就是那些精致的小型雕塑或玩偶，通常被用作收藏或展示，比如泡泡玛特盲盒。AIGC 能够快速生成并迭代手办的设计，大大减少了从设计到生产的时间。

例如，为一个人物设计多个版本的手办，包括不同的姿势、表情和服装。

在 Midjournry 中输入指令："PopMart, Cute girl with bangs short hair, blue dress, white apron, holds blender, pink headband, big eyes, frontal view of the character, waving action, brown color palette, double laver cake, biscuits, warm colorbackground, Pixar,3D rendering--v5.1--styleraw--v5.1--styleraw"，生成手办图片效果如图 4-15 和图 4-16 所示。

图 4-15　泡泡玛特风格盲盒——女孩　　图 4-16　泡泡玛特风格盲盒——男孩

这两个应用的共同点是，它们都可以帮助品牌在社交媒体上建立一种独特的身份和形象。借助 AIGC，我们可以更好地吸引和保持消费者的注意力，进而提高我们的品牌知名度。

再看一个实例，一个著名的漫画品牌，使用 AIGC 创建了一系列基于其热门角色的表情包和手办。这些创新的营销物品在社交媒体上大受欢迎，帮助品牌吸引了大量粉丝，并且提高了他们的社交媒体互动率。

总体来说，AIGC 工具为我们在营销活动中添加新的创意元素提供了可能，这些元素不仅能增强消费者的参与感，也能帮助我们的品牌在竞争激烈的市场中脱颖而出。

4.1.4 使用AIGC生成头像

本节将讨论如何使用 AIGC 工具生成头像，这对于构建在线身份和提升品牌形象具有巨大价值。

首先，我们需要理解的是，头像在数字空间中起个人或品牌身份的代表作用。一个具有吸引力的头像不仅可以帮助消费者更容易地识别和记住品牌，而且可以传达品牌的主要信息和价值观。

通过 AIGC 工具，可以创建出一个独一无二的头像；对于一个具有复杂特征的产品或服务，可以生成一个符合主题且细节丰富的头像。也可以根据目标受众的喜好或者流行趋势，快速更新头像设计。这样可以保证品牌形象始终保持新鲜感和相关性。

例如，使用 AIGC 工具生成一个关于糖果屋的图像，可以作为企业品牌宣传的形象，如图 4-17 所示。

图 4-17　糖果屋的图像

对于个人营销来说，AIGC 也具有强大的应用潜力。比如说，社交媒体从业者可以使用 AIGC 生成各种风格和场景的个人头像，以便在不同的平台使用。例如，一家名为 TechBurst 的科技公司使用 AIGC 工具根据公司的 Logo 制作了一个 3D 头像。这个立体、动态的头像成功地吸引了大量消费者的注意力，使他们的品牌在社交媒体平台中脱颖而出。

　　当然，用户也可以使用 AIGC 工具根据自己照片制作自己的头像。以网站上获取的开源的数字脸的图片为原图，打开 Midjourney，上传自己的图片，引用图片并且输入指令："roundcheek, dimple, hair waving in the wind, brown hair, in blue shirt, Character in the style of Pixar Studio, charismatic, appealing, fariy tale scene, Unreal Engine5, divine fine lustre,highly detailed--ar2:3--iw2--niji5"，即可生成一个自己的个人头像，如图 4-18 所示。

图 4-18　生成个人头像

　　总而言之，使用 AIGC 工具高效快捷地生成的头像，可用于提升在线品牌形象和个人身份，这将成为未来营销策略中不可忽视的技能。

4.1.5　使用AIGC生成设计图

　　除了生成插画、漫画、表情包、手办和头像，AIGC 工具的应用领域还远远不只这些。它们的能力可以应用到更广泛的领域，包括建筑设计图、家居图、艺术设计图、产品包装设计图以及电影海报设计图等。

1. 建筑设计图

　　使用 AIGC 工具可以快速创建出精细、个性化的设计图。例如，它可以生成一个现代化的城市建筑设计图，或者生成一个家装设计图，如图 4-19 所示。

2. 产品包装设计图

　　产品包装设计是 AIGC 的另外一个重要应用领域。用户可以使用 AIGC 生成独特的包装设计，以吸引消费者的注意力，并且传达关于产品的关键信息，如图 4-20 所示。

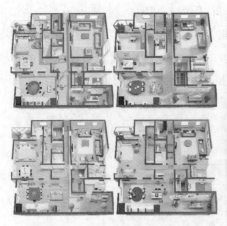

图 4-19　三室两厅家装设计　　　　　图 4-20　茶叶包装设计

3. 电影海报设计图

AIGC 能够生成具有各种电影元素和氛围的海报设计图。无论是科幻、恐怖、喜剧风格电影，还是爱情电影，AIGC 都能创作出具有强烈视觉冲击力的海报，为电影的营销策略增添亮点，如图 4-21 所示。

4. 艺术设计图

在艺术设计图的创作中，AIGC 工具可以根据用户提供的参数和指导生成出各种风格和主题的艺术设计作品，无论是现代艺术、抽象艺术，还是更传统的艺术风格，如印象派或者超现实主义，如图 4-22 所示。

图 4-21　电影海报风格　　　　　　　图 4-22　写实风格

总体来说，AIGC 工具在图形设计和内容生成方面提供了广阔的可能性。

无论哪个行业，都可以借助 AIGC 的力量，快速生成高质量的图形内容，从而提升品牌形象，吸引和保持更多的目标受众。

4.2　使用 AIGC 制作营销类短视频

在数字营销中，短视频的影响力不可忽视。越来越多的品牌和营销者意识到，通过短视频可以在短时间内传达信息，吸引用户的关注，并激发用户的互动和参与热情。AIGC 作为一种强大的技术工具，在短视频生成方面发挥着重要的作用。本节将深入探讨 AIGC 在短视频生成中的应用，包括创意短视频的生成、个性短视频的生成、自动化剪辑和编辑工具的应用，以及文字转语音和字幕生成等方面。通过运用 AIGC 技术，品牌和营销者能够以更有创意、更个性化的方式制作短视频，从而提高品牌知名度、增加用户参与度，以及推动销售增长。接下来，我们将详细探讨每个小节的内容，展示 AIGC 在短视频生成中的潜力和优势。

另一种值得注意的案例是 Meta（Facebook 的母公司）公司在 2022 年 10 月宣布的视频 AI 工具 Make-A-Video。这个工具通过 AI 生成连续的图像，然后将它们拼接成一个视频。尽管最后的产品在简单性和分辨率上存在一些限制，但它仍然表明了 AIGC 在视频生成中的潜力。

此外，一家名为 QuickVid 的初创公司也开发了一款一键生成短视频的工具。该工具利用 GPT-4 的文本生成特性来创建短视频脚本，然后自动从脚本中提取关键词，或者手动输入关键词。基于这些关键词，它可以从 Pexels 库中免费调用背景视频。它还添加了由 DALL-E2 生成的文本到图像，以及由 GoogleCloud 的文本到语音 API 添加的合成旁白和来自 YouTube 的免版权音乐库的背景音乐。这个工具虽然存在一些 Bug，但它融合了当前可用的各种 AIGC 开源项目，展示了 AIGC 在短视频制作中的应用可能性。

综上所述，我们可以看到，AIGC 在短视频制作中的主要应用是提高创作效率，尤其是在后期制作环节，以及在剧本编写、拍摄甚至编辑等环节中，为视频创作者消除了门槛。当人们需要休息的时候，AIGC 可以不间断地进行生产。该技术的发展使得创作者可以集中精力在创新和创造性上，而不是集中在烦琐的编辑工作。

此外，流行的短视频平台，如 TikTok、InstagramReels、YouTubeShorts、抖音、快手、B 站等，提供了丰富的用户社区和内容，使得短视频制作更具吸引力和影响力。这些平台为 AIGC 提供了更大的应用空间，使得创作者能够利用 AIGC 制作出高质量、有趣且吸引人的短视频。

虽然 AIGC 在长视频和电影产业的应用还处于萌芽阶段，但在更轻量级的 PUGC 和 UGC 中，已经出现了一些可以供创作者使用的新工具。AIGC 的发展为视频创作带来了新的可能性，如根据文本或图像生成视频，这也引发了许多公司，包括初创公司和硅谷的大公司（如 Meta 和 Netflix 等），开发和尝试使用 AIGC 的兴趣。

要创作出引人注目的短视频内容，需要考虑以下几个关键因素。

- 内容（语言钉）：短视频的核心是内容，这是吸引和保持观众注意力的关键。内容需要有趣、新颖，同时还需要具有吸引力，使观众能从中获得价值。这可能包括教育性内容、娱乐性内容或启发性内容。在使用 AIGC 技术时，可以通过算法生成新颖的剧本和故事情节，同时还能根据观众的反馈和喜好进行实时调整。

- 视觉吸引力（视觉锤）：视觉元素对于创作出引人注目的短视频至关重要。使用 AIGC 技术可以生成高质量的视觉效果，如动画、3D 模型和虚拟现实环境，以增加短视频的吸引力。例如，我们可以使用 AI 技术来自动选择最吸引人的视觉效果和色彩搭配，以增强视频的视觉吸引力。

- 个性化：AIGC 技术使我们能够根据每个观众的喜好和行为进行个性化定制。我们可以使用 AI 技术来理解观众的行为和喜好，然后根据这些信息来生成个性化的短视频。这可以大大提高短视频的吸引力和观看率。

- 互动性：利用 AIGC，我们可以创造出更多的互动短视频，比如 360 度视频、虚拟现实（VR）和增强现实（AR）体验。这些技术使观众可以与内容进行互动，从而提高他们的参与度和满意度。

- 分享性：创作的短视频不仅要吸引观众，还要让观众愿意分享。我们可以利用 AIGC 技术生成具有分享价值的内容，如引人入胜的故事、独特的视觉效果或者与大众话题相关的内容。

目前 AIGC 工具可以支持文字转视频、图片 / 图文转视频、PPT 转视频等操作，可以帮助广告主或自媒体人批量生成短视频内容进行品牌宣传和推广，筷子科技（kuaizi.ai）是国内首屈一指的服务于内容商业生态的智能创意技术提供商，基于内容元素解构方法论 AI、云计算、创意内容大数据等核心技术，通过创意智能生产、运营优化、标签洞察、协作管理的一站式 SaaS 解决方案连接全球数字化内容商业生态全链路，加快上千万品牌商家、互联网企业及内容服务商实现商业增长。

4.2.1　AIGC在短视频制作中的应用

短视频已成为吸引用户注意力和传播信息的重要工具。借助 AIGC 技术，品牌和营销者可以在短时间内生成具有创意和吸引力的短视频内容，以提高品牌知名度、吸引用户参与和促进销售增长。

在短视频制作中，AIGC 的应用已经非常广泛。AIGC 使用了深度学习和机器学习技术来生成和修改视频内容，使得视频制作更加高效和个性化。下面，我们将详细探讨 AIGC 在短视频制作中的主要应用。

（1）视频编辑与后期制作：AIGC 技术可以自动剪辑和组织视频片段，按照预设的模板和风格进行渲染和后期制作。例如，可以根据用户的喜好和历史行为，生成个性化的视频剪辑，它也可以识别视频中的关键动作或事件，然后自动剪辑和排序这些片段，从而生成一段有趣和引人入胜的视频。

（2）内容生成：AIGC 也可以用来生成新的视频内容。例如，可以使用 AI 模型来生成虚拟角色和场景，或者使用深度伪造技术来生成超现实的视频效果，该技术可以用于创作音乐视频、电影预告片、广告等各种类型的短视频。

（3）个性化推荐：AIGC 可以根据用户的行为和喜好，生成个性化的视频推荐，该推荐可以根据用户的观看历史、搜索记录、社交网络行为等多种因素进行优化。此外，AIGC 还可以根据用户的反馈，持续改进推荐算法，从而提供更符合用户需求的视频内容。

（4）实时视频生成：AIGC 还可以用于实时视频生成，如直播、游戏、虚拟现实等场景。在这些场景中，AIGC 可以根据实时输入（如用户的动作、语音、表情等）生成相应的视频内容，该技术可以提供更富有沉浸感和互动性的视频体验。

例如，《犬与少年》（*The Dog and the Boy*）这部动画短片就是 Netflix、微

软和 WITSTUDIO 共同创作的第一部 AIGC 动画短片。动画的一部分场景是由 AIGC 生成的，而非完全由手工创作。这一部 200 秒的动画短片讲述了一个相对简单的故事，大部分镜头都是远景，如火车在富士山和静冈海岸线上行驶，水边的村庄等。动画中没有太多复杂的过渡或困难的动作场景，如图 4-23 所示。

图 4-23　《犬与少年》海报

（5）数据分析和优化：AIGC 可以通过分析大量的视频数据，提供关于用户行为、内容效果、市场趋势等的深入洞察。这些洞察可以帮助视频制作者和分发者优化他们的内容策略和营销策略。

随着 AIGC 技术的进一步发展和应用，我们可以预期，在不久的将来，将看到更多的创新和高效的短视频制作方法。

4.2.2　如何提升营销短视频的传播效果

在数字营销中，短视频的传播效果对于品牌的推广和用户互动至关重要。以下是一些利用 AIGC 技术提升短视频传播效果的利器。

1. 视频优化和压缩

AIGC 技术可以应用于视频优化和压缩，以确保短视频在各个平台上的加载速度和播放质量。通过优化视频的格式、大小和分辨率，可以提高视频的加载速度，降低用户的等待时间，并保持视频的清晰度和流畅性。

2. 标题和首图/封面优化

在短视频传播过程中，标题和首图是吸引用户点击和观看的关键因素。AIGC 技术可以通过分析视频内容和目标受众的喜好，生成优化的标题和吸引人的缩略图。这样可以增加短视频的点击率和观看量，提升传播效果。

3. 社交媒体平台适配

不同的社交媒体平台对于短视频的格式和要求有所不同。AIGC技术可以将短视频适配到不同的社交媒体平台，确保视频在不同平台上的最佳展示效果。通过适应不同平台的需求，短视频可以更好地吸引用户的关注和分享。

4. 用户参与和互动

短视频的传播效果可以通过用户的参与和互动进一步提升。AIGC技术可以应用于生成互动元素，如投票、调查、抽奖等，以增加用户的参与度和互动性。这样可以激发用户的兴趣，增加视频的分享和转发，扩大短视频的传播范围。

5. 数据分析和优化

AIGC技术可以结合数据分析，对短视频的传播效果进行监测和优化。通过分析观看量、点击率、互动数据等指标，可以了解用户对短视频的反馈和兴趣，进而优化短视频的内容和传播策略，提高传播效果和用户参与度。

综上所述，可以利用AIGC技术的一系列利器来提升短视频的传播效果。通过视频优化和压缩、标题和缩略图优化、社交媒体平台适配、用户参与和互动以及数据分析和优化，品牌和营销者可以更好地推广短视频内容，吸引用户的关注和参与，从而实现更广泛的品牌曝光和用户互动。

4.2.3　使用AIGC制作短视频的基本流程

在数字营销中，创作短视频内容是吸引用户关注和推动传播的关键。借助AIGC技术，品牌和营销者可以创作出令人印象深刻、引人注目的短视频内容，从而提高品牌知名度、吸引用户参与和提升销售量。

使用AIGC创作短视频内容的基本流程如下。

（1）确定目标受众和目标信息。在创作短视频之前，首先需要明确目标受众和目标信息。了解目标受众的特点、兴趣和需求，以及希望传达的关键信息，是创作引人注目的短视频的基础。

（2）分析受众需求和兴趣点，制定创作策略。选择合适的主题和故事线是创作引人注目短视频的关键。根据目标受众的喜好和关注点，选择与品牌或产品相关的有趣、独特或情感共鸣的主题。故事线应该具有引人入胜的情节，能够吸引观众的注意力并产生共鸣。

（3）利用 AIGC 技术生成创意和特效。AIGC 技术可以为短视频创作提供创意和特效。通过输入关键信息和目标要素，AIGC 工具可以生成创意性和令人惊艳的内容，如特效、过渡效果和动画。这些创意和特效可以增加短视频的吸引力和影响力，从而更好地吸引观众的注意。

（4）打造生动和精彩的画面。短视频的画面是吸引用户的重要因素。通过精心选择摄影角度、色彩搭配和场景设置，营造生动、精彩的画面效果。利用 AIGC 技术，可以进一步优化画面质量和视觉效果，使短视频更加引人注目。完成视频剪辑和后期制作，加入必要的调色和修饰。

在创作短视频时，要注意节奏和时长的控制。短视频的时长一般较短，需要紧凑而有力地传达信息。适当控制节奏和时长，使短视频内容更具吸引力和紧凑性，能够在短时间内引起观众的兴趣。

（5）导出视频，调整格式和大小，准备发布和分享。总而言之，创作引人注目的短视频内容需要考虑目标受众和目标信息，选择合适的主题和故事线，利用 AIGC 技术生成创意和特效，打造生动和精彩的画面，并注意节奏和时长的控制。通过运用这些创作技巧和 AIGC 技术，品牌和营销者可以制作出令人印象深刻、引人注目的短视频内容，有效吸引用户的关注和参与。

4.2.4　智能云剪辑

智能云剪辑是一种基于人工智能技术的视频编辑工具，能够自动处理和剪辑大量的视频素材，提供高效、快速的视频编辑解决方案。本节将介绍智能云剪辑在数字营销中的应用，以及其对营销活动的影响和优势。通过利用智能云剪辑技术，品牌和营销者可以提高视频制作和编辑的效率，创作出令人印象深刻的营销内容，提升品牌形象和用户参与度。

1. AIGC在云剪辑中的应用

AIGC 在云剪辑中的应用是数字营销中的一项重要技术。通过结合 AIGC 技术和云剪辑工具，品牌和营销者可以获得以下优势。

视频素材的自动处理和分析。AIGC 技术可以自动处理和分析大量的视频素材。通过使用深度学习和机器学习算法，AIGC 可以识别和标记视频中的关键元素，如人物、场景、情绪等。这使得品牌和营销者能够更快速地浏览和筛选视频素材，找到最具潜力和适合的片段进行剪辑。

智能剪辑和编辑。AIGC技术可以实现智能剪辑和编辑功能，通过分析视频素材的内容和特征，AIGC可以提供智能建议和推荐，帮助品牌和营销者制作出更具吸引力和影响力的视频内容。例如，AIGC可以推荐最佳的剪辑顺序、特效效果、转场动画等，提高视频的质量和观赏性。

文本和字幕生成。AIGC技术可以自动生成文本和字幕，提供更便捷的字幕编辑功能。品牌和营销者可以通过输入文本或语音，让AIGC生成相应的字幕，并进行样式、位置和时序的调整。这样，可以大大节省制作字幕的时间和人力，并确保字幕的准确性和一致性。

音频处理和背景音乐选择。AIGC技术还可以处理音频内容，包括去噪、音频增强和背景音乐的选择。通过自动分析音频素材，AIGC可以提供音频处理建议，确保音频的清晰度和质量。同时，AIGC还可以根据视频内容的情感和氛围，推荐合适的背景音乐，增强视频的感染力和吸引力。

我们以抖音的智能营销服务平台"巨量创意"为例，视频制作操作工具包括微电影、模板视频、AI配音、语音转字幕以及智能配乐，虽然其有非常成熟的剪辑工具"剪映"，但是对于很多零基础的用户来说门槛也是很高的，但是使用AIGC的智能化操作工具就会变得相对容易。如图4-24所示，微电影可以一键实现短视频的制作流程，智能化的卡点、剪辑、推荐BGM等。

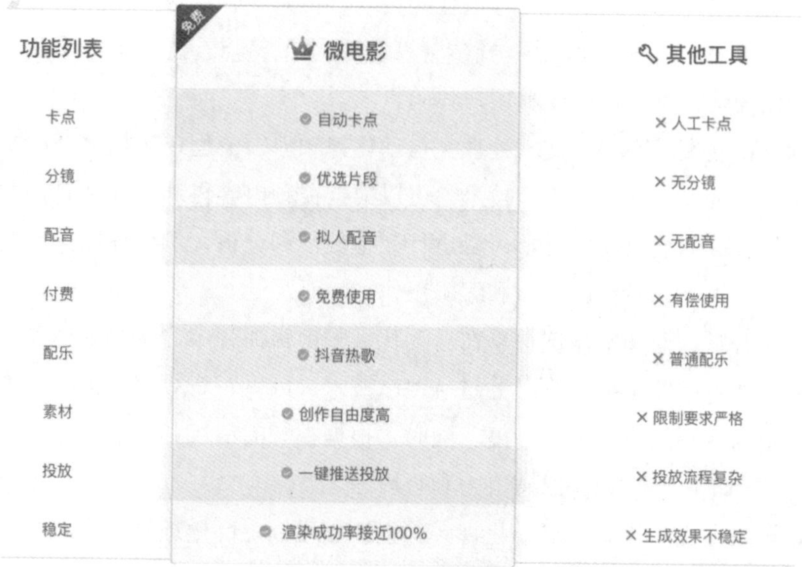

功能列表	👑 微电影	🔍 其他工具
卡点	⊚ 自动卡点	✕ 人工卡点
分镜	⊚ 优选片段	✕ 无分镜
配音	⊚ 拟人配音	✕ 无配音
付费	⊚ 免费使用	✕ 有偿使用
配乐	⊚ 抖音热歌	✕ 普通配乐
素材	⊚ 创作自由度高	✕ 限制要求严格
投放	⊚ 一键推送投放	✕ 投放流程复杂
稳定	⊚ 渲染成功率接近100%	✕ 生成效果不稳定

图4-24 微电影的功能

通过以上的应用，AIGC 在云剪辑中提供了自动化和智能化的功能，帮助品牌和营销者更高效、更有创意地制作营销视频。这种整合将大大提高视频制作和编辑的效率，同时确保视频内容的质量和吸引力，为品牌的数字营销活动带来更好的效果和用户体验。

2. 自动化视频剪辑流程的优化

自动化视频剪辑流程的优化是数字营销中的关键步骤，可以提高视频制作和编辑的效率，并确保视频内容的质量和吸引力。以下是一些优化自动化视频剪辑流程的方法。

（1）数据预处理和清洗。在进行自动化视频剪辑之前，对视频素材进行数据预处理和清洗是必要的。包括对视频进行去噪、图像增强、稳定化等处理，以提高视频质量和可用性。同时，对视频素材进行筛选和分类，只选择符合要求和目标的素材，以减少后续处理的工作量。

（2）视频分析和标记。利用 AIGC 技术进行视频分析和标记是自动化视频剪辑流程的关键步骤。通过对视频进行内容分析、场景识别、人物识别等处理，可以提取出关键信息和元素。同时，对视频进行标记，例如标记出关键帧、特殊效果需求等，以便后续剪辑和编辑时参考。

（3）智能剪辑和推荐。根据视频分析和标记的结果，利用 AIGC 技术进行智能剪辑和推荐是优化自动化视频剪辑流程的重要环节。通过 AIGC 的算法和模型，可以生成剪辑建议、推荐最佳的转场、特效、时长等，以提高视频的观赏性和吸引力。同时，根据用户需求和目标受众的特点，进行个性化的剪辑和推荐，以增强视频的定制化和用户体验。

（4）自动生成字幕和文本处理。自动化视频剪辑流程还包括字幕和文本的自动生成和处理。利用 AIGC 技术，可以根据视频内容自动生成字幕，并进行样式、位置等的调整。同时，可以进行文本处理和分析，例如提取关键词、情感分析等，以辅助后续的剪辑和编辑工作。

（5）音频处理和配乐选择。在自动化视频剪辑流程中，音频处理和配乐选择也是需要考虑的重要因素。通过 AIGC 技术，可以对音频进行去噪、增强等处理，提高音频的质量和清晰度。同时，根据视频的情感和氛围，进行智能化的配乐选择，以增强视频的感染力和吸引力。

通过以上优化措施，自动化视频剪辑流程可以更高效地进行，减少人工干预的工作量，还能确保视频内容的质量和吸引力。这将帮助品牌和营销者在数字营销中快速生成高质量的营销视频，提升品牌形象和用户参与度。

4.3　电商平台换装

在数字营销中，电子商务平台成为推广和销售产品的重要渠道。淘宝作为中国最大的电商平台之一，为消费者提供了丰富多样的商品选择。在当今竞争激烈的市场中，如何提升用户购买体验、增加产品销量成为电商从业者的关注焦点。在这方面，淘宝、优衣库换装技术的应用可以为用户带来全新的虚拟试衣体验，同时为电商平台提供个性化搭配建议，提高用户购买意愿和增加产品销售。在本小节中，我们将深入探讨 AIGC 在电商平台换装中的应用，展示如何利用 AIGC 技术打造优秀的虚拟试衣体验，提供个性化搭配建议，并最终实现用户满意度和电商销售的双赢局面。让我们继续深入探索 AIGC 在电商平台换装方面的应用，了解如何利用这些工具和技术来提升用户购买体验和电商销售效果。

4.3.1　利用AIGC生成虚拟试衣体验

虚拟试衣体验是数字营销中的一项重要创新，通过利用 AIGC 技术，电商平台可以为用户提供逼真的虚拟试衣体验，帮助他们更好地了解产品的上身效果，从而提高购买意愿和用户满意度。

AIGC 技术的应用使得生成逼真的虚拟试衣体验成为可能。通过输入用户的身体特征和偏好，如身高、体型、肤色等信息，AIGC 工具可以生成一个虚拟人物模型，并将用户选定的服装款式、颜色和尺码应用于虚拟模型身上。这样，用户可以通过虚拟试衣来了解不同款式和尺码对自己的适合程度，从而做出更准确的购买决策。

AIGC 技术的优势在于其高度逼真的模拟效果。通过深度学习和图像处理算法，AIGC 可以模拟出服装在不同角度和光线下的效果，使用户获得更真实的试衣体验。用户可以旋转、放大和缩小虚拟模型，观察服装的细节和质感，近乎实际地感受穿着效果。这种逼真的虚拟试衣体验能够帮助用户更准确地评估产品的质量、剪裁和舒适度，提高购买的满意度。

　　除了逼真的试衣效果，AIGC 工具还可以为用户提供个性化的试衣体验。通过分析用户的喜好和购买历史，AIGC 可以根据用户的风格和喜好为虚拟模型选择合适的搭配方式和配饰，提供个性化的穿搭建议。用户可以在虚拟模型身上尝试不同的搭配组合，了解不同款式和配饰对整体效果的影响，从而更好地选择符合自己风格的服装。

　　通过利用 AIGC 生成虚拟试衣体验，电商平台可以极大地提升用户的购物体验和购买决策的准确性。用户不再需要依靠商品图片和描述来判断适合自己的款式和尺码，而是可以通过虚拟试衣体验获得更真实的感受。这不仅提高了购物的乐趣，还减少了购买后的不适和退货的可能性。

　　此外，虚拟试衣体验的应用也为电商平台带来了商机和竞争优势。通过提供逼真的虚拟试衣功能，电商平台可以增加用户的购买决策速度和购买意愿，从而提高销售转化率。同时，通过收集用户试衣数据和购买偏好，电商平台可以进行个性化推荐和精准营销，提升用户黏性和复购率。

　　总的来说，利用 AIGC 生成虚拟试衣体验为用户提供了更准确和实际的购物参考，提升了用户的购买意愿和满意度。对于电商平台来说，虚拟试衣体验是一种创新的数字营销工具，可以提高销售转化率，并与竞争对手形成差异化竞争。通过持续改进和优化，虚拟试衣体验有望成为电商平台不可或缺的重要功能。如图 4-25 所示为虚拟试衣体验界面。

　　目前市场上比较成熟的"虚拟试衣间"App，通过 AIGC 技术实现了虚拟试衣体验，用户可以根据自身特征和偏好在虚拟模特身上进行试衣，获得更准确的购买参考。这种个性化的试衣体验极大地提升了用户的购物满意度和购买决策的准确性，促进了电商平台的销售增长。

图 4-25　虚拟试衣间

4.3.2　个性化搭配建议的生成

　　在数字营销中，个性化搭配建议对于用户的购买决策和购物体验至关重要。通过利用 AIGC 技术，电商平台可以为用户提供基于个人偏好和风格的个性化搭配建议，帮助他们更好地选择和搭配服装，提升购物的乐趣和满意度。

AIGC 工具在个性化搭配建议的生成方面发挥着重要作用。AIGC 通过分析用户的购买历史、喜好和身体特征，可以生成针对每个用户的个性化搭配建议。例如，对于用户购买的某件服装，AIGC 可以推荐适合的配饰、鞋子和其他搭配元素，帮助用户完善整体的穿搭风格。这些个性化搭配建议可以根据用户的风格偏好和最新的时尚趋势来生成，为用户提供多样性和个性化的选择。

AIGC 技术的优势在于其对时尚趋势和用户喜好的深入理解。通过分析市场上的时尚趋势、流行风格和用户的购买偏好，AIGC 可以提供与用户风格相匹配的个性化搭配建议，这种个性化的建议不仅考虑了服装款式和颜色的搭配，还关注用户的身体特征和体型，提供适合的穿着建议，帮助用户展现最佳的形象和风格。如图 4-26 所示为淘宝在 2022 年下半年推出的搜索词搭配页面，比如我们检索"CityBoy 怎么穿"，会出来整个页面的穿搭指南。

图 4-26　CityBoy 怎么穿

通过个性化搭配建议的生成，电商平台可以提供更加准确和实用的购物体验。用户不再需要费力地去寻找搭配灵感或猜测哪些服装和配饰适合自己，而是可以依靠个性化的建议来做出购买决策。这不仅提高了用户的购物满意度，还节省了用户选购的时间和精力。

此外，个性化搭配建议的生成也对电商平台的销售效果产生积极的影响。

通过提供个性化的搭配建议，电商平台可以引导用户购买多件商品，增加订单价值和销售额。同时，个性化的搭配建议还可以提高用户的忠诚度和复购率，从而增加平台的用户黏性和商业价值。

综上所述，利用 AIGC 生成个性化搭配建议可以为用户提供更准确和实用的购物参考，提升购物的乐趣和满意度。对于电商平台来说，个性化搭配建议是一种强大的数字营销工具，可以提高销售转化率并与竞争对手形成差异化竞争。通过不断改进和优化，个性化搭配建议有望成为电商平台吸引用户和提升销售量的重要驱动力。

4.3.3 提高用户购买体验的关键工具

在数字营销中，提供优秀的用户购买体验是电商平台成功的关键之一。利用 AIGC 技术，电商平台可以借助一系列关键工具来提高用户的购买体验，增加用户购买意愿和用户满意度。

1. 虚拟试衣技术

虚拟试衣技术通过利用 AIGC 生成虚拟模特照或提供虚拟试衣功能，让用户在线上模拟试穿服装。这种技术使用户能够更好地了解产品用在自己身上的效果，提高购买决策的准确性，减少因尺码或样式不匹配而产生的退货和不满意情况。

2. 个性化推荐系统

通过 AIGC 技术和用户数据分析，电商平台可以为用户提供个性化的商品推荐。这些推荐基于用户的购买历史、喜好和偏好，帮助用户发现符合其兴趣和需求的产品。个性化推荐系统提高了用户发现新品和匹配商品的效率，增加用户购买的满意度和忠诚度。

3. 智能客服和在线咨询

利用 AIGC 技术，电商平台可以实现智能客服和在线咨询功能，为用户提供实时的客户服务和解答。这种技术可以通过自动化回复和智能问答，提供快速准确的解决方案，帮助用户解决疑问和问题，提高购买体验的便利性和效率。

4. 用户评价和社交分享

电商平台可以利用 AIGC 技术对用户评价和社交分享进行分析和整理。通过自动化的文本分析和情感识别，电商平台可以快速了解用户的反馈和体验，并针对性地进行改进和优化。此外，用户评价和社交分享也对其他用户产生影响，增加产品的口碑和信任度。

5. 快速结账和支付体验

利用 AIGC 技术，电商平台可以提供快速结账和支付的功能。通过自动填充用户信息、提供多种支付方式和智能风险识别，电商平台可以提供便捷、安全和高效的购买体验，减少用户因复杂结账流程而流失的情况。

以上关键工具的应用可以大大提高用户的购买体验和满意度，增加购买意愿和用户忠诚度。通过结合 AIGC 技术和用户数据分析，电商平台能够提供个性化、智能化和便捷化的购物体验，从而在激烈的市场竞争中脱颖而出。

4.3.4 利用AIGC技术给模特换装

在数字营销中，利用 AIGC 技术为模特进行背景和服装的更换是一项创新的应用。通过 AIGC 的图像处理算法和深度学习技术，可以实现在虚拟模特身上实时更换背景和服装的效果，为用户提供更多选择和展示。

AIGC 技术的应用使得模特换背景、换衣服成为可能。用户输入选择的背景和服装款式，AIGC 技术可以将虚拟模特的背景和服装进行实时更换。例如，用户可以选择不同的场景背景，如海滩、城市街道或时尚展览，也可以选择不同的服装款式，如休闲、正式或运动装，以展示不同场景下的穿着效果，如图 4-27 所示。

这种模特换背景、换衣服的应用可以带来多种好处。首先，它为用户提供了更多的选择和参考。用户可以通过观察虚拟模特在不同背景和服装下的效果，更好地了解产品的搭配和穿着方式，从而做出更

图 4-27 3D 模特服装展示

准确的购买决策。其次，可以增加产品的视觉吸引力和购买欲望。通过展示不同背景和服装的变化，用户可以更好地想象自己穿着产品时的场景和感觉，增

加与产品的情感连接。

AIGC 技术的优势在于其高度逼真和个性化的展示效果。通过深度学习和图像处理算法，AIGC 可以生成逼真的虚拟模特图像，并将不同背景和服装应用于其身上。这种个性化的展示效果可以根据用户的偏好和风格进行调整，为用户提供个性化的参考和展示，同时还可以帮助商家大幅度降低拍摄成本。

利用 AIGC 技术给模特换背景、换衣服，可以使电商平台提升用户的购买体验和满意度。用户不再局限于产品图片的背景和样式，而是可以通过模特的展示获得更多的想象空间和参考。这有助于用户更好地了解产品的特点和适用场景，提高购买决策的准确性和购物的满意度。

综上所述，利用 AIGC 技术给模特换背景、换衣服，可以为用户提供更多的选择和展示，增加用户的购买参考和购物体验。对于电商平台来说，这是一种创新的数字营销工具，可以提高产品的视觉吸引力和用户的购买欲望，从而促进销售增长。

4.4　AI 换脸技术辅助营销

AI 换脸技术是一种基于人工智能的图像处理技术，可以将一个人的脸部特征应用到另一个人的照片或视频中，创造出逼真的换脸效果。这项技术在数字营销中具有广泛的应用潜力，可以为品牌和营销者提供创新的营销手段和娱乐方式。

本节将重点探讨 AI 换脸技术在营销领域的应用。运用这一技术，品牌方和营销者能够创造出具有趣味性、创意性和影响力的内容，吸引用户的关注并增强用户参与度。接下来，我们将详细讨论 AI 换脸技术在营销中的应用场景和优势。

4.4.1　利用AIGC进行短视频换脸

短视频换脸是 AI 换脸技术在数字营销中的一种应用方式。借助 AIGC 技术，品牌方和营销者可以将不同人物的脸部特征应用到短视频中，创造出有趣和有创意的换脸效果，从而吸引用户的关注和参与。

1. 提高短视频的趣味性和娱乐性

通过在短视频中运用换脸技术，可以给观众带来意想不到的娱乐效果。例如，将品牌代言人的脸部特征应用到普通人的短视频中，制造出有趣和滑稽的效果。这样的换脸短视频能够吸引用户的关注和分享，提升品牌的曝光和知名度。

2. 增加短视频的创意性和创新性

换脸技术为品牌和营销者提供了创新的创作方式。通过将不同人物的脸部特征进行换脸，可以创造出独特和有创意的内容，打破传统的创作模式，吸引用户的好奇心和探索欲望。这样的短视频在竞争激烈的数字营销环境中具有差异化和吸引力。

3. 强化品牌形象和宣传效果

通过将品牌代言人或关键人物的脸部特征应用到短视频中，可以进一步强化品牌形象和宣传效果。这样的短视频能够让观众产生对品牌的认知和联想，并增加品牌的可信度和亲近感。同时，品牌的代言人也可以通过换脸技术与观众产生更紧密的连接和共鸣。

总的来说，利用AIGC进行短视频换脸是一种创新的数字营销方式。通过增加趣味性、创意性和创新性，短视频换脸可以吸引用户的关注和参与，提升品牌的曝光度和知名度。品牌方和营销者可以运用这一技术来创造有趣和引人注目的短视频内容，与用户建立更紧密的联系，并提升数字营销的效果和影响力。

4.4.2 制作有趣、有创意的换脸视频

制作有趣、有创意的换脸视频是利用AI换脸技术进行数字营销的重要环节。借助AIGC技术，品牌方和营销者可以创作出令人捧腹大笑、引人注目的换脸视频，从而吸引用户的关注并增强品牌的知名度和用户参与度。

下面是一些关键步骤和技巧，帮助用户制作有趣、创意的换脸视频。

（1）确定创作目标和主题。在制作换脸视频之前，明确创作的目标和主题非常重要。确定您希望传达的信息、希望触发的情感或希望引起的共鸣，并将其与换脸视频的概念相结合。可以选择一些有趣、搞笑或引人注目的主题，与品牌形象或产品特点相关联，以增强视频的吸引力和影响力。

（2）选择合适的素材和角色。选择合适的素材和角色是制作有趣、有创意的换脸视频的关键，可以确保素材和角色具有足够的可识别性和引人注目的特征，可以包括品牌代言人、名人、动画角色等。选择与主题相关的素材和角色，以增加观众的共鸣和参与度。

（3）运用创意和特效。创意和特效是制作有趣、有创意的换脸视频的重要组成部分，通过运用创意的剪辑、动画效果、音效等元素，增加视频的趣味性和视觉冲击力。可以利用 AIGC 技术来实现换脸效果，并结合其他创意和特效元素，创造出令人惊喜和有趣的视觉效果。

（4）保持简洁和精练。短视频的时长一般较短，需要在有限的时间内传达信息和引发观众的兴趣。因此，保持视频的简洁和精练非常重要。确保视频的剧情紧凑、有趣，并能够迅速引发观众的笑声或共鸣。避免冗长的镜头或过多的文字说明，以提高视频的观看率和分享率。

通过以上的步骤和技巧，可以制作出有趣、有创意的换脸视频，吸引用户的关注并增强品牌的知名度和用户参与度。记住要与目标受众保持紧密的联系，关注视频的情感共鸣和创新性，从而创造出引人注目的数字营销内容。

4.4.3　在社交媒体上引起用户关注的神奇工具

在数字营销中，社交媒体是推广和互动的重要渠道。利用 AIGC 技术，品牌方和营销者可以借助一些神奇的工具来引起用户在社交媒体上的关注和参与。以下是一些可以实现这一目标的神奇工具。

1. 增强现实（AR）滤镜和特效增强

增强现实技术为社交媒体平台提供了丰富的滤镜和特效功能，可以与用户的实时视频互动。通过 AIGC 技术，可以创造出令人惊叹和有趣的 AR 滤镜和特效，例如换脸、变形、虚拟道具等，这些滤镜和特效可以激发用户的好奇心和参与度，吸引他们与品牌方进行互动和分享。

2. 互动式投票和问答

利用 AIGC 技术，可以在社交媒体上创建互动式投票和问答活动。通过提出问题或提供选项，鼓励用户参与投票和回答。这种互动性的内容可以激发用户的参与欲望，增加他们与品牌的互动和参与度。同时，还可以收集用户的反馈和意见，为品牌方进一步制定营销策略提供宝贵的数据支持。

3. 用户生成内容（UGC）挑战

通过 AIGC 技术，可以创建用户生成内容的挑战活动，鼓励用户在社交媒体上分享自己与品牌相关的创意内容。可以设置特定的主题、标签或要求，鼓励用户分享照片、视频或创意作品。这种 UGC 挑战活动可以引起用户的创作欲望和分享热情，扩大品牌的曝光度和参与度。

4. 品牌故事和情感共鸣

AIGC 技术可以帮助品牌方创造引人入胜的品牌故事和情感共鸣的内容。通过利用 AIGC 生成创意和特效，可以制作出有趣、感人和引人深思的视频内容。这样的内容能够触发用户的情感共鸣，引起他们的关注和参与，并促使他们与品牌建立更深层次的联系。

通过运用以上神奇工具，品牌方和营销者可以在社交媒体上引起用户的关注和参与，增强品牌的知名度和用户参与度。利用 AIGC 技术，可以创造出令人惊叹和有趣的内容，激发用户的好奇心和参与欲望，并促使他们与品牌进行互动和分享。

4.4.4　AI换脸的隐患

尽管 AI 换脸技术在数字营销中具有吸引力和创新性，但也存在一些潜在的隐患和风险需要注意。以下是一些与 AI 换脸相关的隐患。

1. 隐私问题

AI 换脸技术可能会用到他人的个人照片或视频。未经授权使用他人照片可能侵犯个人隐私权。因此，在应用 AI 换脸技术时，必须确保获得合法的授权或遵守相关法律法规，以保护他人的隐私权。

2. 虚假信息和欺骗

AI 换脸技术可以制作出逼真的虚假内容，可能导致虚假信息的传播和误导。这可能对品牌形象造成损害，并使用户产生不信任感。因此，在使用 AI 换脸技术时，必须确保内容的真实性和合法性，避免欺骗用户。

3. 法律和道德问题

AI 换脸技术可能涉及法律和道德问题。例如，滥用换脸技术可能导致人身权益的侵犯或声誉损害。因此，使用 AI 换脸技术时必须遵守相关法律法规，并保持道德的界限。

4. 技术滥用和伦理考虑

AI 换脸技术的滥用可能导致不良后果。例如，将 AI 换脸技术用于虚假新闻、恶搞、欺诈或其他不当用途。因此，使用 AI 换脸技术时应谨慎思考其潜在的影响和后果，并遵守伦理原则。

5. 安全和防护问题

AI 换脸技术可能面临安全和防护问题。例如，AI 换脸技术可能被用于欺诈活动、人脸识别绕过等恶意行为。因此，在开发和应用 AI 换脸技术时，必须采取适当的安全措施，防止其被滥用。

综上所述，AI 换脸技术在数字营销中具有潜在的隐患和风险。品牌和营销者在使用 AI 换脸技术时必须谨慎权衡利弊，确保遵守相关法律法规，保护个人隐私，避免虚假信息和欺骗，维护伦理原则，加强安全防护措施，以实现合法、道德和可持续的数字营销。

4.5　数字人直播

数字人直播是一种基于人工智能技术的直播形式，通过虚拟人物或虚拟主持人来进行直播内容的传递和互动。本节将介绍数字人直播在数字营销中的应用，以及其对品牌推广和用户参与度的影响。通过利用数字人直播技术，品牌方和营销者可以实现更具创意和个性化的直播体验，提升品牌形象和用户互动效果。

4.5.1　利用AIGC创建数字主播

数字化主播是数字人直播的重要组成部分，利用 AIGC 技术，品牌方和营销者可以创造出逼真的虚拟人物形象，并赋予其语音和动作，以实现互动式的直播体验。本节将深入探讨利用 AIGC 创建数字化主播的过程和应用案例。

1. 虚拟人物的生成

利用 AIGC 技术创建数字主播的第一步是生成虚拟人物的外貌和形象。AIGC 可以通过输入相关参数，如性别、年龄、外貌特征等，生成逼真的虚拟人物形象，包括面部特征、肢体比例、服装风格等方面的定制，使虚拟人物符合品牌形象和推广目的。

2. 语音合成

虚拟人物的语音是直播互动中至关重要的一环。通过采集真实人物的语音样本，并应用语音合成算法，AIGC 可以生成与虚拟人物形象相匹配的逼真语音。这种语音合成技术可以使虚拟人物在直播过程中以自然流畅的语音与观众进行互动，增加真实感和亲和力。

3. 动作模拟和表情控制

为了提升数字主播的表现力和互动效果，AIGC 技术可以模拟虚拟人物的动作和表情。通过学习真实人物的动作和表情数据，并应用运动捕捉和表情控制算法，AIGC 可以使虚拟人物在直播过程中展现出真实而生动的动作和表情，该模拟技术可以增加观众的互动感和参与度，提升直播体验的沉浸感。

4. 个性化定制

利用 AIGC 创建的数字主播可以根据品牌和营销者的需求进行个性化定制。品牌可以根据自己的形象定位和推广目标，调整虚拟人物的外貌、语音和性格。这种个性化定制可以使数字化主播更加符合品牌形象，增强品牌传播的一致性和影响力。

知名白酒品牌——贵州习酒宣布虚拟数字人叶悠悠成为"习酒品牌故事推荐官"，如图 4-28 所示。虚拟数字人叶悠悠通过全新的数字技术，吸引年轻人对贵州习酒文化的关注和浓烈兴趣，从而开辟出全新的数字营销赛道。同时以破圈跨界玩法，帮助习酒品牌朝着年轻化的方向发展，为数字虚拟人的商业化机制提供了范本和无尽的想象。比起传统媒介形态堆砌出的固有用户消费取向，虚拟数字人叶悠悠的出现无疑为众多习酒的新老用户带来眼前一亮的消费感受。

通过数字主播的参与，品牌成功吸引了大量观众的注意力，并引发了广泛的讨论和分享。数字主播的逼真形象和生动表现让观众感受到了沉浸式的直播体验，增加了品牌

图 4-28　习酒品牌故事推荐官叶悠悠

的知名度和用户参与度。此外，数字化主播还为品牌节省了人力成本和时间成本，提高了营销活动的效率和效果。

综上所述，利用 AIGC 创建数字主播是数字人直播中的一项重要应用。通过生成虚拟人物的外貌和形象、应用语音合成技术、模拟动作和表情，以及个性化定制，品牌方和营销者可以创造出引人注目的数字化主播，提升品牌形象和直播体验的质量。

4.5.2　提供个性化直播体验的创新方式

为了提供更加个性化和独特的直播体验，品牌方和营销者可以采用一些创新方式。以下是几种创新方式，可以帮助提供个性化直播体验。

1. 互动式投票和调查

通过在直播过程中设置互动式投票和调查，观众可以参与到内容决策中。品牌方和营销者可以利用 AIGC 技术快速生成投票和调查选项，根据观众的反馈和意见进行实时互动，增加观众的参与感和体验。

2. 虚拟礼物和奖励

在直播过程中观众可以通过打赏或完成任务获得虚拟礼物或奖励。品牌和营销者可以利用 AIGC 技术设计独特的虚拟礼物和奖励，增加观众的参与度和忠诚度。如图 4-29 所示为直播间虚拟礼物个性化定制。

图 4-29　直播间虚拟礼物个性化定制

3. 个性化推荐和推送

根据观众的兴趣和偏好，利用 AIGC 技术进行个性化推荐和推送。通过分析观众的历史行为和观看记录，推荐相关的直播内容和产品推广，提供更加贴近观众需求的个性化直播体验。

4. 与观众的实时互动

利用 AIGC 技术，实现与观众的实时互动，例如语音识别和实时翻译。观众可以通过语音留言或提问，品牌方和营销者可以利用 AIGC 技术实时识别和回复观众的问题，增加直播的互动性和个性化体验。

5. 虚拟现实和增强现实技术

利用虚拟现实和增强现实技术为观众提供沉浸式的直播体验。通过 AR 技术，观众可以与虚拟物体进行互动，例如试穿虚拟商品。而 VR 技术则可以带领观众进入虚拟世界，体验不同的场景和活动。如图 4-30 所示为会踢球的公鸡。

图 4-30　会踢球的公鸡

通过以上创新方式，品牌方和营销者可以为观众提供更加个性化、互动性和沉浸式的直播体验。利用 AIGC技术，他们可以实现快速生成互动内容、设计独特的虚拟礼物、个性化推荐和实时互动等，从而增加观众的参与度、忠诚度和品牌认知度。

第 5 章　AIGC 在电商数据分析中的应用

5.1 AIGC 的数据收集功能

在电商领域，数据收集对于企业的决策和发展至关重要。AIGC 在数据收集方面发挥着关键的作用，通过创新的方法和技术，为电商企业提供更自动化、精确和全面的数据采集能力。本节将给大家讲解 AIGC 对于数据收集的创新方面、AIGC 在电商领域的革命性应用。AI 生成的内容（AIGC）通过自动生成产品描述、营销文案、报告等，从而帮助电商平台更有效地进行数据分析和决策。同时，AIGC 可以根据消费者行为和购买历史生成个性化推荐，以及预测销售趋势，从而帮助电商平台提高转化率和销售效率。总体来说，AIGC 在电商数据分析中的应用是通过系统自动分析、生成和应用内容等解析电商数据，以帮助电商平台提升效率和营销效果。

5.1.1 利用人工智能进行自动化和精确的数据采集

电商平台利用人工智能技术可以实现自动化和精确的数据采集。传统的数据采集通常需要人工参与，耗费大量的时间和资源。然而，随着电商业务的增长和数据量的爆发式增加，传统的人工采集方法已经无法满足企业的需求。在这样的背景下，智能化的技术的出现为电商企业带来了新的解决方案。

通过利用 AI 相关技术，电商企业可以将繁重的数据采集任务交给人工智能系统，比如可以自动从各个数据源中抓取、提取和分析数据，大大提高了数据采集的效率和准确性。它能够智能地识别和提取关键信息，过滤噪声数据，从海量数据中挖掘出有价值的洞察，这种自动化和精确的数据采集方式极大地减轻了企业的工作负担，并提供了更准确和全面的数据基础。

例如，电商平台可以利用人工智能技术自动进行竞争对手分析，通过自动收集和分析竞争对手的产品信息、价格策略、销售数据等关键信息，这种生成式人工智能可以直接输出报告或文档，作为支撑市场决策，这是研判基础。通过对这些数据的深入分析，企业可以快速了解竞争对手的优势和劣势，制定相应的竞争策略，提升自身的市场竞争力。目前的传统电商平台还没有完全应用 AIGC 技术，更多的还是利用原有的技术基础进行数据分析，暂时不具备可以直接对话式的生成分析内容，但是目前可以使用 ChatGPT 的相关插件实现数据的采集和分析，笔者认为 AIGC 在电商领域的应用和落地不会很遥远。

市面上成熟的第三方数据应用平台很多，例如灰豚 BI 平台通过定制化的多平台和多维度数据集成及管理服务，满足互联网电商品牌或互联网电商企业复杂多样化的应用部署需求。

灰豚 BI 的具体应用如图 5-1 所示。

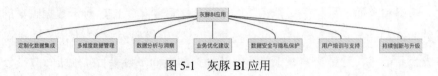

图 5-1　灰豚 BI 应用

（1）定制化数据集成。根据用户需求，灰豚 BI 平台提供多平台数据集成，将淘宝、天猫、京东、拼多多等多个平台的数据整合到一个私有化数据平台中，实现数据的一体化管理。

（2）多维度数据管理。对销售数据、商品数据、店铺数据、流量数据等多维度数据进行集中化管理。用户可以通过灵活的数据查询和筛选功能，快速找到关键业务指标，并进行深入分析。

（3）数据分析与洞察。灰豚 BI 平台提供强大的数据分析功能，通过数据可视化和图表展示，帮助用户深入了解业务表现和市场动态，发现潜在机会和挑战。

（4）业务优化建议。基于数据分析和洞察，灰豚 BI 平台为用户提供实时的业务优化建议。通过智能算法和模型，帮助用户优化销售策略、产品定位和营销活动，提升业绩和效率。

（5）数据安全与隐私保护。灰豚 BI 平台高度重视数据安全和隐私保护。为用户建立安全可靠的数据存储和访问机制，确保数据不会泄露或被滥用。

（6）用户培训与支持。为了让用户充分利用平台功能，灰豚 BI 平台提供全方位的用户培训和支持服务。用户可以通过培训课程和在线支持获得技术指导和解决方案。

（7）持续创新与升级。灰豚 BI 平台持续关注行业动态和用户反馈，不断进行技术创新和升级。为用户提供更优质的数据服务和体验，保持平台的竞争力和领先地位。

通过上述优化内容，灰豚 BI 平台能够满足用户在数据管理和分析方面的需求，帮助用户更好地理解和应对复杂多变的市场环境，提升业务竞争力和效率，如果可以增加 AIGC 技术，以对话式的方式可以完成决策内容的生成，该平台则可以作为类似咨询顾问的存在，帮助品牌方快速决策，提高生产效率等。灰豚 BI 首页如图 5-2 所示。

图 5-2　灰豚 BI 平台首页

5.1.2　扩大数据收集范围

大模型的应用使得电商企业能够扩大数据收集的范围。传统的数据收集往往局限于有限的数据源，难以获取全面和准确的市场和用户数据。而生成式 AI 结合大数据技术，可以从更广泛的数据来源中收集数据，并提供更全面和深入的数据视角。

通过整合来自各个渠道的数据，包括用户行为数据、销售数据、市场趋势数据等，AIGC 技术可以为电商企业提供更全面的市场和用户信息，这些数据可用于洞察用户需求、产品优化、市场推广等方面。例如，某电商品牌通过生成式 AI 分析大数据，可以发现用户在购买某类产品时更看重品牌和质量，于是创意营销的内容调整了产品线和市场定位，从而获得了更好的市场反响和销售业绩。在实际应用案例中我们可以根据用户关注的产品定位进行引流。例如，麦富迪狗粮引流词是"狗粮金毛专用""狗粮拉布拉多犬专用"等词，那么商品简介内容以及宣传内容中可以重点突出相关词汇，精准切入用户的关注点，从而进一步达成转化目标，如图 5-3 所示。

图 5-3　麦富迪狗粮引流词

　　此外，AIGC 结合大数据还可以进行用户画像的构建和细分。通过分析用户的行为、兴趣和偏好，可以帮助电商企业更好地了解用户群体，并为其提供个性化的推荐和定制化的服务。例如，电商平台可以利用 AI 分析用户的购买行为和浏览历史，根据用户的个性化需求进行商品推荐和沟通，生成的内容精准触发用户需求，提高用户的购买满意度和忠诚度。例如，神策数据关于人群画像的数据报告，用户可以根据自己的需求添加监测目标和用户画像维度，包括但不限于用户年龄、区域、消费金额分布、消费习惯、用户购买次数以及用户品类喜好等，如图 5-4 所示。如果可以结合 AIGC 技术，通过生成式 AI 智能化输出报告将大大提高品牌方的工作效率。

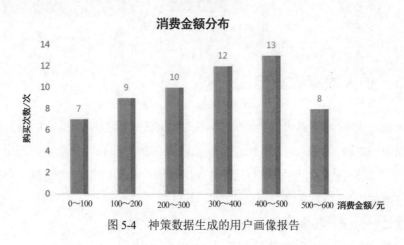

图 5-4　神策数据生成的用户画像报告

5.1.3　云计算在数据收集和存储中的作用

　　云计算在数据收集和存储中发挥着重要的作用，为 AI 技术提供了强大的计算和存储能力。云计算技术可以支持大规模的数据处理和分析，提供高效的数据存储和管理。通过云计算，系统可以实现数据的快速处理和实时分析，为电商企业提供及时的数据支持和洞察。

　　云计算的优势在于其高度可扩展性和灵活性。无论是在数据收集、处理方面还是数据存储方面，云计算可以根据企业的需求进行弹性的资源分配，避免了传统数据中心的硬件限制和资源浪费。这使得企业可以更高效地利用数据，实现更准确和实时的数据分析。

　　例如，电商企业可以利用云计算平台存储和处理海量的用户行为数据。通过与 AIGC 的结合，他们能够快速获取数据，进行实时分析，并根据分析结果生成相应的内容，辅助商家做出及时的调整和决策。这种实时的数据分析能力使得企业能够更敏锐地捕捉到市场变化和用户需求，并及时优化营销策略。店透视平台可以实时监控电商产品的数据情况，如图 5-5 所示为 Demo 展示，非真实数据。

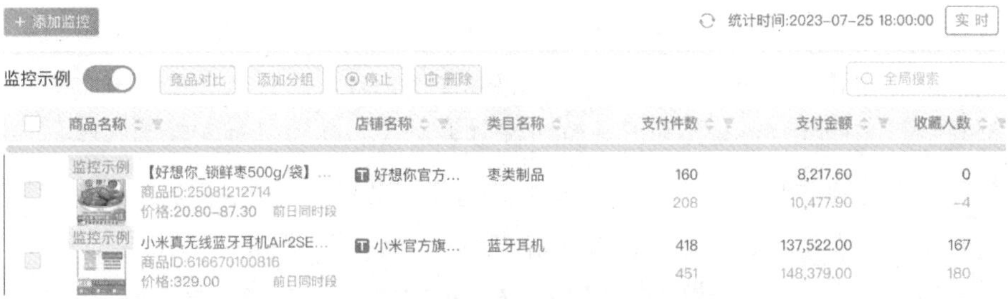

图 5-5　店透视平台实时监控电商数据

总体来说，AIGC 在电商数据分析中的应用为数据收集带来了创新和变革。通过 AI 技术自动化和精确的数据采集、扩大数据收集范围以及利用云计算技术，为电商企业提供了更全面、准确数据分析内容。这种创新的数据收集方式将帮助电商企业更好地了解市场和用户需求，优化运营策略，实现持续的增长和竞争优势。

5.2　AIGC 的数据处理能力

数据处理是电商数据分析中不可或缺的一环，而 AI 的转化能力为电商企业带来了革命性的变化。通过利用人工智能和机器学习技术，结合大数据和云计算的优势，人工智能系统能够高效地进行数据清洗、预处理和转化，为企业提供更准确和有价值的数据分析结果，并且通过 AIGC 技术智能化地生成数据分析报告。

5.2.1　利用AI和机器学习进行数据清洗和预处理

数据清洗和预处理是确保数据质量和准确的重要步骤。传统的数据处理通常需要耗费大量的人力和时间，而且容易受到人为因素的影响。然而，通过利用人工智能和机器学习的算法和技术，可以实现自动化、高效和准确的数据清洗和预处理过程。

例如，电商企业在进行用户评论分析时，需要清洗和处理大量的文本数据。人工智能系统或大模型可以通过自然语言处理和文本挖掘技术，自动清洗和标准化用户评论数据，去除重复和噪声信息，并提取出关键的情感和意见。这种自动化的数据清洗和预处理过程不仅节省了人力成本，还提高了数据处理的准确性和效率。实际应用案例，可以参考店透视平台，需要淘宝或京东商家下载相应的插件，商家可以通过插件实现客户评价内容透视，达到预防差评的目的，同时还支持批量回评，提升商家的经营效率。评论／问大家／卖家秀等内容也可以支持下载和数据报告分析，一站式提升用户评论管理。例如，在谷歌浏览器中安装了店透视插件之后，在电商店铺就可以进行商品 SKU 等数据的监测，方便实时进行评估和用户评价等监控，如图 5-6 所示。

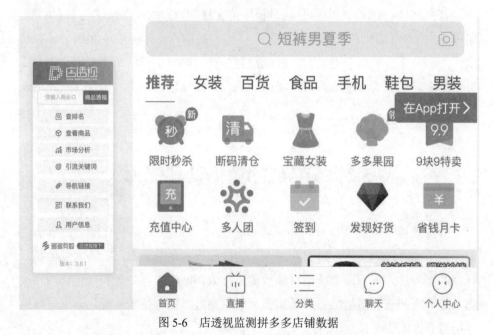

图 5-6　店透视监测拼多多店铺数据

5.2.2　大数据在处理大规模数据集中的优势

电商企业往往要面对海量的数据集，传统的数据处理方法往往无法满足其处理需求。然而，AI结合大数据技术可以充分发挥其优势，在处理大规模数据集时具备出色的性能和能力。

大数据处理的优势之一是分布式处理。AI利用分布式计算技术，将大规模数据集分解为多个子任务，并在多台计算机上同时进行处理，以加快数据处理的速度和效率。例如，某家电商企业如果需要对销售数据进行分析，AI可以将数据分散到多个计算节点上进行并行处理，从而提高数据分析的效率。

另外，大数据处理还可以结合机器学习和深度学习算法，实现更复杂和更精细的数据分析。AI可以通过对大规模数据集的分析和学习，发现其中的规律和模式，并为企业提供更深入的洞察和预测。例如，某家电商企业通过AI分析大规模用户购买数据，发现用户的购物习惯和偏好，从而能够精准地进行个性化推荐和营销活动，结合AIGC技术输出更加优化的营销活动方案。例如，在家居生活中，2023年7月26日的热门搜索词就体现了用户的关注点和兴趣点，这为电商文案的优化提供了方向，如图5-7所示。

图5-7 多多有数2023年7月26日行业热搜词

5.2.3　云计算在数据管理中的贡献

云计算在数据处理和管理中发挥着重要的作用，为 AI 的数据处理能力提供了强大的支持。云计算技术具备高度可扩展性、灵活性和弹性资源分配的特点，可以满足电商企业在数据处理方面的需求。

云计算的高度可扩展性使得电商企业可以根据实际需求调整数据处理的资源规模。无论是处理小规模的数据集还是大规模的数据集，云计算都能够提供相应的计算资源，保证数据处理的效率和准确性。例如，一家电商企业需要处理用户行为数据，在特定的促销活动期间，数据量会急剧增加。通过云计算，企业可以快速扩展计算资源，确保数据处理顺利进行。

此外，云计算还提供了可靠的数据存储和管理解决方案。电商企业产生的数据量庞大，需要安全地存储和管理。云计算提供了高可靠性的数据存储服务，包括数据备份、灾备和数据安全等方面的保障，确保数据的完整性和可用性。同时，云计算还提供了灵活的数据管理功能，包括数据查询、访问控制和数据共享等，帮助企业更好地管理和利用数据资源。

在 2019 年，许多互联网巨头相继推出了针对企业上云的系列解决方案，以助力电子商务企业的持续发展。华为推出了多个鲲鹏云服务、容器混合云和高性能容器批量计算解决方案，以及华为云 WeLink 等产品。通过全栈技术创新，华为为客户提供了稳定可靠、安全可信、可持续发展的公有云服务和混合云解决方案，助力电子商务企业在数字化转型中取得突破，为智能世界的发展贡献力量。

同样，阿里云也推出了新零售解决方案，为电子商务企业快速搭建新零售平台，支持秒杀、视频直播等业务。而腾讯云则提供智慧电商解决方案，为各种规模的企业提供灵活、安全、稳定、低成本的方案，包括弹性扩缩架构、灵活应对大促活动、精准用户画像以及打击恶意刷单等功能，满足了电商行业不同层面的客户需求。

京东云虽然相对于其他云厂商起步稍晚，但凭借京东集团在电商和物流领域的长期优势积累，已经具备成熟的咨询、开发、建设和运维一体化的云运营能力。京东云还推出了全域零售、社交电商、用户营销等一系列解决方案，帮助企业在产业互联网升级转型中实现商业价值链的升级，助力企业在电子商务行业蓬勃发展。

总体来说，AI 在电商数据分析中的应用不仅在数据收集方面具有创新性，在数据处理阶段也发挥着重要的转化能力。通过利用 AI 和机器学习进行数据清洗和预处理、发挥大数据处理的优势，并借助云计算的技术支持，AI 技术能够提供高效、准确和有价值的数据分析结果，帮助电商企业做出更明智的决策和战略规划，最终通过大模型的训练，结合 AIGC 技术不断调整和完善内容输出。

5.3 用户分析：个性化和精准营销

用户分析是电商数据分析中的重要环节，AI 技术的应用为企业实现个性化和精准营销提供了强大的支持。通过 AI 的深度分析、大数据的用户群体分析和云计算的实时用户分析，AI 技术能够帮助电商企业更好地了解用户需求、提供个性化的推荐和实现精准营销，结合 AIGC 技术，输出定制化的数据结果并呈现方案。

5.3.1 通过AI实现用户行为深度分析

AIGC 可以利用 AI 技术实现用户行为深度分析。传统的用户行为分析往往只能触及表面，而 AI 技术通过结合机器学习和深度学习的算法，能够深入挖掘用户行为背后的模式和动机。

例如，电商企业可以通过 AI 技术分析用户在网站上的浏览行为和购买记录，可以发现用户的偏好、兴趣和购物习惯，通过识别出用户的关键行为指标，如浏览时间、购买频率、购物车放弃率等，进一步分析用户的消费行为和决策过程。这种用户行为深度分析为企业提供了更准确和更详尽的用户洞察，帮助企业理解用户需求，精细化产品和服务。巨量引擎的千川投放后台，会有系统分析的行为数据，在进行短视频带货或者直播带货中可以针对用户历史的浏览行为或者购买行为进行精准营销，从而提升转化效果，如图 5-8 所示。

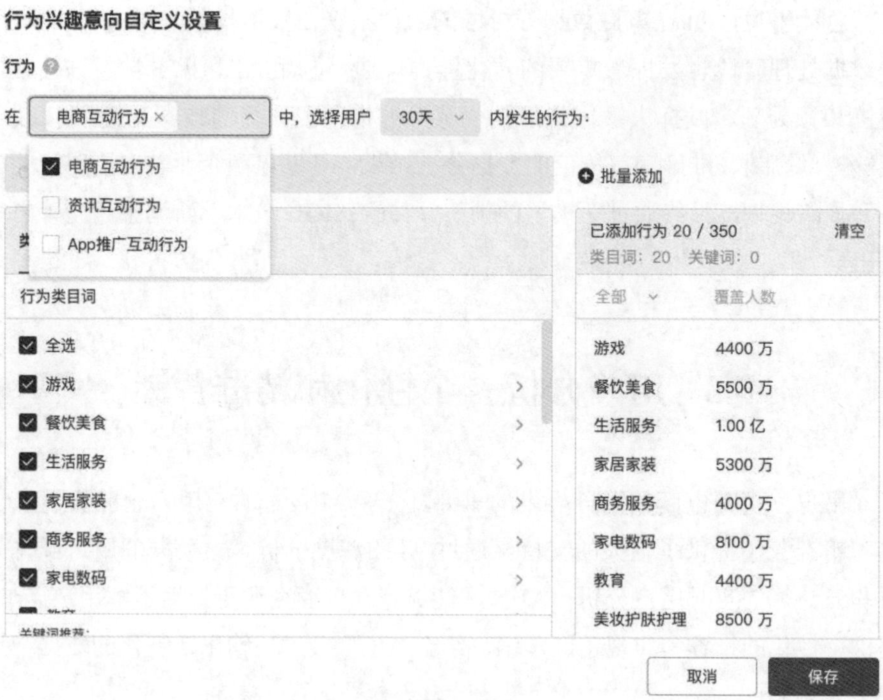

图 5-8   用户行为分析

5.3.2   利用大数据进行用户群体分析和分类

AI 结合大数据技术可以进行用户群体分析和分段。通过分析海量的用户数据，人工智能系统识别出不同的用户群体，理解他们的特点和行为模式，并将用户进行分类。

例如，电商平台可以通过 AI 技术分析用户的购买历史、兴趣爱好和社交网络数据，将用户分为不同的消费群体，如时尚潮人、家庭主妇、科技达人等。对于每个用户群体，企业可以针对其特点和需求制定相应的推荐和营销策略。这种个性化的用户群体分析和分段将帮助企业更精确地进行市场细分和定位，提高营销的效果和 ROI，如果再结合 AIGC 技术就可以更加智能化地完成指导报告的输出。例如，抖音根据覆盖平台电商 79% 历史交易用户，贡献 86% 的销售额，通过对抖音全量用户城市等级、年龄、消费力、人生阶段等指标的综合聚类，将抖音用户划分为八大策略人群，根据不同人群制定内容策略、广告策略和达人策略等，如图 5-9 所示。

小镇青年
四线及以下城市
18~35岁的群体

小镇中老年
四线及以下城市
大于35岁的群体

GenZ
三线及以上城市
18~24岁的年轻群体

精致妈妈
三线及以上城市
25~35岁备孕或已生育白领女性

新锐白领
三线及以上城市
25~35岁 白领、IT、金融群体

资深中产
三线及以上城市
36~50岁 白领、IT、金融群体

都市蓝领
三线及以上城市
25~35岁 消费能力中下群体

都市银发
三线及以上城市
大于50岁 群体

图 5-9　抖音八大人群

5.3.3　云计算在实时用户分析中的关键角色

云计算在实时用户分析中发挥着关键的作用。电商企业需要对用户行为进行实时监测和分析，以便及时做出相应的决策和调整。而云计算提供了强大的计算和存储能力，可以支持电商企业进行实时用户分析。

通过云计算的技术支持，AI 系统能够快速处理和分析海量的用户数据，并实时生成用户洞察和推荐结果。例如，电商企业如果需要实时分析用户在移动端的行为，根据用户的实时行为进行个性化推荐，同时结合云计算技术，能够快速地从大规模的用户数据中提取关键信息，并实时生成个性化的推荐结果，为用户提供更好的购物体验。

此外，云计算还提供了可靠的实时数据处理和分析平台。通过云计算的技术架构，企业可以实现实时数据传输和处理，保证数据的实时性和准确性。云计算的弹性资源分配和自动化扩展功能，使得企业可以根据实时的数据处理需求调整计算资源，确保数据分析顺利进行。

总体来说，AI 技术在电商数据分析中的应用不仅能够实现深度的用户行为分析，还能够通过大数据进行用户群体分析和分类，以及利用云计算在实时用户分析中发挥关键作用。通过这些应用，AI 为电商企业提供了更个性化和精准的营销手段，帮助企业更好地了解用户需求，提供定制化的产品和服务。这不仅提高了企业的竞争力，还增强了用户的购物体验和满意度，最后结合 AIGC 技术智能化的输出指导报告或决策指导，能够精准地帮助企业进行营销政策的调整。

5.4 市场行情分析：理解和预测趋势

市场行情分析对于电商企业来说至关重要，而 AI 的应用为企业理解和预测市场趋势提供了强大的支持。通过人工智能和大数据的结合，AI 能够预测市场的动态变化和趋势，帮助企业做出明智的决策和战略规划。同时，云计算在市场行情分析和报告中的作用也不容忽视。

5.4.1 用人工智能和大数据预测市场趋势

利用人工智能和大数据技术可以预测市场的趋势和走向，通过分析大规模的市场数据和消费行为，AI 可以发现市场中的规律和模式，并根据历史数据进行趋势预测。

例如，电商企业可以通过 AI 系统分析商品销售数据，结合市场研究和趋势分析，发现某类产品的需求正在逐渐增长。基于这个发现，企业可以及时调整产品线，增加对该类产品的研发投入，并做好市场推广和销售准备，这种市场趋势的预测能力使得企业能够提前把握市场机会，抢占先机。系统可以根据店铺和商品的情况发掘新的售卖点，比如带货黑马、推流大盘以及留存大盘等，根据数据表现及时调整商品策略和推广策略，如图 5-10 所示。

图 5-10　灰豚数据大盘监测

5.4.2 云计算在市场行情分析和报告中的作用

云计算在市场行情分析和报告中发挥着重要的作用。市场行情分析通常需要处理大量的数据，并进行复杂的计算和模型构建。云计算提供了高性能的计算和存储能力，为 AIGC 分析市场行情的内容输出提供了强大的支持。

通过云计算的技术支持，AI系统可以高效地进行市场行情分析和报告生成。云计算提供了弹性的计算资源，使得AI能够快速处理大规模的市场数据，并进行复杂的数据分析和模型建立。同时，云计算还提供了可靠的数据存储和管理解决方案，保证了数据的安全性和可用性。

例如，电商企业需要对市场行情进行实时分析和报告生成。通过云计算的支持，AI可以实时获取市场数据，并进行快速分析和报告生成。企业可以根据这些市场行情分析报告，及时调整营销策略和市场定位，以适应市场变化。多多有数的平台监测可以实时统计某店铺某商品的销售情况，发掘蓝海商品和潜力爆款，为商家决策提供策略支持，如图5-11所示。

图5-11　多多有数商品监控

总体来说，AI在电商数据分析中的应用不仅可以预测市场趋势和走向，还能够通过云计算提供高效的市场行情分析和报告，这使得企业能够更好地理解市场需求、以做出明智的决策和战略规划。这种市场行情分析的能力对于电商企业的发展至关重要，能够帮助企业抢占市场份额，提高竞争力，并实现持续的增长和成功。

5.5　竞争对手和产品分析：优化电商战略

竞争对手和产品分析对于电商企业来说至关重要，而 AIGC 的应用为企业优化电商战略提供了强大的支持。通过使用 AI 进行竞争对手分析和产品对比，利用大数据获取全面的产品反馈和市场反应，再结合云计算，电商企业能够更好地理解市场竞争环境，优化产品策略，并制定更有竞争力的战略。

5.5.1　使用AI进行竞争对手分析和产品对比

AIGC 可以利用 AI 技术进行竞争对手分析和产品对比。通过分析竞争对手的市场表现、产品特点和营销策略，帮助电商企业更好地了解市场竞争环境，并识别出自身的优势和劣势，通过分析结果、报告等内容的呈现为企业提供战略指导。

例如，电商企业如果想要了解竞争对手的定价策略和产品特点，AI 可以通过分析竞争对手的产品定价、销售数据和用户反馈等信息，对其定价策略进行对比和评估。通过分析竞争对手，企业可以了解市场的价格水平和竞争态势，从而优化自身的产品定价和市场策略。竞品分析监控，可以根据商品情况进行实时统计，同时还可以增加店铺的竞争分析，并生成相应的报告或报表，支持导出，如图 5-12 所示。

图 5-12　竞品分析监控

5.5.2　利用大数据获取全面的产品反馈和市场反应

AIGC 结合大数据技术和算法可以获取全面的产品反馈和市场反应，比如分析海量的用户评论、评分、购买行为等数据，从而获取全面的产品反馈和市场反应。

例如，电商企业想要了解用户对其产品的满意度和需求，AI 技术可以通过分析大量的用户评论和评分数据，了解用户对产品的正面评价和负面评价，找出产品的优点和改进的空间。同时还可以分析用户的购买行为和偏好，帮助企业优化产品设计和市场定位，结合 AI 技术可以输出相应的内容策略和报告。淘宝平台好想你品牌枣的某 SKU 的评论分析，可以智能化生成报告，支持报表下载和评论下载，如图 5-13 所示。

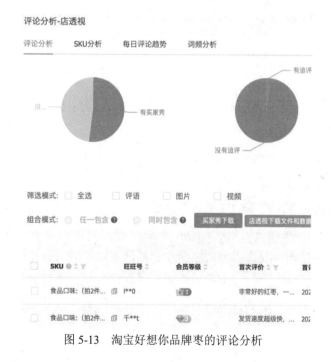

图 5-13　淘宝好想你品牌枣的评论分析

5.5.3　云计算在竞争对手和产品分析中的应用

云计算在竞争对手和产品分析中起着关键的作用。处理大量数据和进行复杂模型构建是竞争对手和产品分析的常态，而云计算则为此提供了高效的计算和存储能力，大大助力 AI 系统的相关分析工作以及 AIGC 策略内容输出。

　　云计算技术的支持，使 AI 系统能够高效、深入地对竞争对手进行分析和产品比较，云计算提供的弹性计算资源让 AI 工具或者平台有能力快速处理大规模的竞争对手数据，并进行深度的数据分析和模型建立。此外，云计算还提供了可靠的数据存储和管理解决方案，保证了数据的安全和有效。

　　以电商企业为例，如果它需要全面比较和分析竞争对手的产品，那么借助云计算、AI 等技术可以获取竞争对手的产品数据，并进行多维度的比较和评估。基于这些分析结果，企业可以调整自己的产品特性和市场定位，提升竞争力。

　　总体来说，AI 在电商数据分析中的应用可以帮助企业进行深度的竞争对手分析和产品比较，并通过大数据获取产品反馈和市场响应的全貌。而云计算的应用则为 AI 的分析工作提供了强大的计算和存储能力，这些应用帮助企业更全面地了解市场竞争环境，优化产品策略，提升电商战略的竞争力。

5.6　电商平台布局：全链路帮助营销降本增效

　　在电商浪潮的推动下，营销策略正日益向全链路拓展，旨在实现降低成本、提升效率的目标。本节将深入探讨电商平台在 AIGC 赛道的布局策略。如今，电商不再局限于简单的交易环节，而是将目光聚焦于产品的生命周期的各个环节，从供应链管理到市场推广，从客户体验到售后服务，在这一综合性的布局中，电商平台发挥着全链路帮助营销降本增效的关键作用。本节将着重分析电商平台在整个价值链中的战略定位，探讨其如何通过科技创新和数据驱动，为企业实现更精准的营销决策，以及如何借助数字化手段优化流程、提升运营效率。

5.6.1　AIGC赋能，各电商平台纷纷入局

　　电商行业在互联网发展的不同阶段持续演进，从 3G 到 5G，从 PC 互联网到移动互联网，目前正迈向 AIGC 新业态。电商领域从最初的 PC 网页到传统货架电商，再到如今以直播为主要形式的直播电商，正在不断升级，迭代推陈

出新。这一进化过程表明，随着 AIGC 技术的广泛应用，电商行业将迎来新的机遇。借助人工智能计算机视觉、智能语音、机器学习等 AI 技术，零售场景得以革新。通过为零售参与者和各业务环节赋能，整个零售行业将得以全面升级和改造，这种演进不仅是技术的革新，更是电商行业对未来的积极展望，以创造更智能、高效的消费体验。

1. AIGC应用场景与电商链路高度契合

当谈及 AIGC 的应用场景时，我们置身于一个充满创新的科技时代。AIGC 已经在多个领域展现出了巨大的潜力，其中主要的六大应用场景为：文本生成、音频生成、图像生成、视频生成、跨模态生成以及虚拟人生成。在本小节中，我们将深入探讨这些应用场景，以及它们如何影响电商和其他领域的发展。

以下为 AIGC 六大应用场景。

（1）文本生成：AIGC 技术在文本生成方面呈现出惊人的创造力。从智能营销文案的自动生成到智能电商客服的应用，AIGC 正在重新定义企业与消费者之间的沟通方式。这不仅提高了用户体验，还能在电商中实现更高效的交互和沟通。

（2）音频生成：音频内容在电商中扮演着重要的角色，从产品介绍到广告宣传。AIGC 技术使得语音、音乐和声效的生成变得更加智能化。通过工具，如 Amper Music 和 Jukedeck 等，电商能够自动生成与品牌形象相符的音频内容，进一步增强消费者与产品之间的联系。

（3）图像生成：图像是电商平台上最直观的信息呈现方式之一。现今的 AIGC 技术不仅能生成照片，还能创造出绘画和设计图等。电商可以利用这些工具，生成更生动、个性化的图像，更好地展示产品特点，增强顾客的购买意愿。

（4）视频生成：视频已经成为电商推广的重要媒介。AIGC 技术使得视频生成更高效且具有创造性。通过工具，如讯智影和一帧秒创，电商可以轻松地生成各种类型的视频，如广告和社交媒体内容，进而提升用户吸引力和转化率。

（5）跨模态生成：跨模态生成是 AIGC 技术的一项重要创新。它能够将不同媒体形式相互转化，为用户带来全新的体验。在电商中，这意味着用户可以通过文本描述获得图像或视频，或者将图像 / 视频转化为更丰富的文字信息。

这将进一步提升用户与产品之间的互动性和了解度。

（6）虚拟人生成：虚拟人生成将电商体验推向了一个全新的高度。通过虚拟人视频生成和实时交互，电商平台能够拥有更具个性的虚拟主播，提供更真实、有趣的用户体验。此外，搭建虚拟货场则为电商创造了更丰富、更多样化的购物场景，从而提高用户参与度和购买决策的准确性。

以下为内容电商主要要素。

（1）电商营销内容的主要文本生成，包括：

- 智能营销文案生成：通过非结构化写作，AIGC 能够创造出精准而引人入胜的营销文案。该能力可以为商品描述、广告标语等带来新的灵感，提升消费者对产品的吸引力。
- 智能电商客服：利用闲聊机器人，电商能够提供 7×24 小时的智能客服支持。这不仅增强了用户体验，还能及时解答常见问题，提高客户满意度。
- 文本交互与电商小游戏：AIGC 在文本交互方面的应用，可以为电商平台引入趣味性互动，例如个性化推荐、有趣的聊天机器人和电商小游戏。这些互动将加深用户参与感，提升用户黏性和互动体验。

这些应用将推动电商行业进一步融入人工智能，提升营销效率，增强用户参与度，创造更具吸引力的电商体验。

（2）电商整体营销音、图、视频生成，包括：

- 图像编辑工具的应用：通过使用图像编辑工具，电商能够轻松去除水印、应用特定滤镜等，从而显著提升运营效率。这种技术帮助电商更迅速地准备商品图像，为顾客提供清晰的展示，从而提高购买决策的速度。
- 功能性图像生成：AIGC 可以生成符合特定要求的营销海报、产品展示图和商标等图像。这有助于商家提高效率，同时在降低成本的前提下改善品牌形象，为商品的宣传推广创造更多机会。
- 视频自动剪辑：在直播和短视频电商领域，AIGC 技术能够自动剪辑视频，从而生成优质的内容。这对于迅速推出吸引人的宣传视频或商品展示视频具有重要意义。

这些创新应用将加速电商领域的发展，为企业带来更高效的营销方式，同时优化消费者的购物体验。

（3）跨模态的智能化内容生成，包括：

- 文本生成图像 / 视频：跨模态生成技术可将文字描述转化为图像或视频，为用户提供更直观的商品展示。这种创新方式将提升用户的搜索体验，使其更加了解商品特点，进而提高购买兴趣，从而显著提升电商的商品转化率。

- 图像 / 视频到文本：另外，跨模态生成也能将图像或视频内容转化为文字描述。这将为用户提供更详细、有深度的商品信息，使其在决策购买时更加有把握，进一步促进转化率的提升。

这些应用将强化"人"与商品之间的连接，提升用户体验，增加购买意愿，从而在电商领域创造更高的商业价值。

（4）场景虚拟化和直播虚拟化的电商应用，包括：

- 虚拟人视频生成和实时交互：利用虚拟人生成技术，电商可以创造更高效的虚拟主播，其具备自动生成视频内容的能力。这样一来，电商的宣传、推广和产品展示将更富活力。同时，虚拟人的实时交互能力也可以减少直播中的技术问题，降低"塌房"等风险。

- 搭建虚拟货场：进一步搭建虚拟货场是另一个创新应用。通过虚拟人引导，电商可以打造更优化、丰富的虚拟购物场景。这种场景将提供更多互动、娱乐和个性化的元素，从而大幅优化电商的"人、货、场"场景。

这些创新应用将加强电商平台与用户之间的连接，提升用户体验，降低运营风险，并在电商领域创造更高的商业价值，如表 5-1 所示为 AIGC 应用场景和电商要素的映射关系。

表 5-1 AIGC 应用场景和电商要素的映射关系

应用场景	应用产品	电商要素	描述
文本生成	ChatGPT、Copy.ai、彩云小梦、HeyFriday、秘塔写作猫等	智能营销文案生成；智能电商客服；文本交互与电商小游戏等	使用 AI 生成文章、新闻、文案等文字内容
音频生成	网易天音、TME Studio、讯飞智作 Jukedeck、Amper Music、Sonix 等	图像编辑工具的应用；功能性图像生成；视频自动剪辑等	利用 AI 生成语音、音乐、声效等音频内容
图像生成	文心一格、Flag Studio、6pen Art、Midjoumey、Stable Diffusion 等		借助 AI 生成照片、绘画、设计图等图像内容

续表

应用场景	应用产品	电商要素	描述
视频生成	讯智影、一帧秒创、来画、Runway、Nonder Sdo、D-ID 等	图像编辑工具的应用；功能性图像生成；视频自动剪辑等	利用 AI 生成各种类型的视频内容，如广告、社交媒体内容等
跨模态生成	ChatGPT4、百度文心、阿里 M6 等	文本生成图像/视频；图像/视频到文本	将不同媒体形式结合，实现多模态内容生成
虚拟人生成	腾讯智影、奇妙元、Synthesys、Colossyan、万兴播爆等	虚拟人视频生成和实时交互；搭建虚拟货场	创造虚拟角色、人物形象、人脸等内容

　　AIGC 的多元应用场景与电商要素高度契合，如表 5-1 从文本、音频、图像、视频生成，到跨模态和虚拟人创造，无不为电商带来新的创新机遇。这些技术提升了内容呈现、用户互动与购物体验，助力电商更精准传达信息，提高转化率，塑造品牌形象。这种紧密融合不仅推动着电商的发展，也催生着全新的商业模式，为未来的数字商务开创了更为广阔的前景。

2."AIGC+搜索"的电商新模式

　　融合 AIGC 与搜索，电商正迎来崭新模式。AIGC 赋能搜索，实现智能推荐、精准内容生成，提升用户体验；搜索数据反哺 AIGC，增强生成模型的智能化。这一深度融合赋予电商更高效的信息传递、个性化推荐与用户互动，将引领电商向更智能、更精准的未来迈进。

　　传统电商模式注重"人找货"，侧重于展示产品并吸引潜在买家。然而，新媒体电商模式则是"货找人"。在这一新模式中，内容成为关键媒介，通过 AIGC 技术，平台能够生成更有吸引力、个性化的内容，与用户需求更贴近。这种内容驱动的方式，不仅提升用户体验，更能有效激发购买欲望，从而实现更高的转化率。新媒体电商模式的推崇者，将客户的参与和购买转变为一个有趣、互动且个性化的过程，进一步强调了消费者体验的重要性。这种演进不仅拓展了电商的边界，还为商家带来了更多创新和营销机会，塑造更具活力的电商生态。

　　现在已经有 AIGC 搜索引擎开始进入试用阶段，由昆仑万维公司开发的天工 AI 搜索是国内首个融入大型语言模型的搜索引擎。与传统的基于关键词匹配的搜索不同，AI 搜索采用生成式方法，用户可以自然语言表达需求，获得清晰组织的答案。它以强大的大模型能力为基础，能深度交互、理解上下文，并在医学、法律、互联网服务、电商等领域提供准确回应，为多个场景提供高效解决方案。AI 搜索电商产品"高倍防晒喷雾"，平台会给出相应的推荐建议，点击数字对应的链接可以转到其他资讯或者电商平台进行了解或购买，如图 5-14 所示。

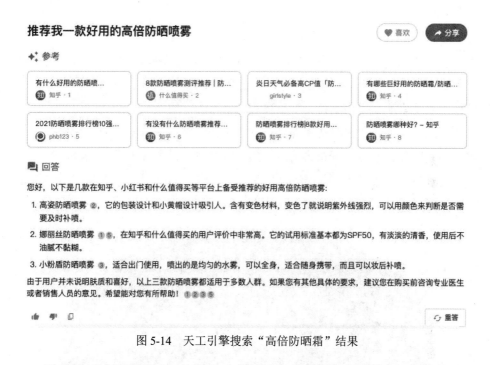

图 5-14　天工引擎搜索"高倍防晒霜"结果

同时还可以继续追问相关内容，方便用户全面了解产品信息，从而挑选适合自己的商品，追问示例如图 5-15 所示。

图 5-15　天工引擎追问"高倍防晒霜"内容

3. 案例分析：京东云言犀人工智能应用平台

京东云言犀人工智能应用平台于 2023 年 2 月发布产业版 ChatGPT（即 ChatJD），其是专注于产业领域的通用 ChatGPT。京东云在通用 Chat AI 方面积累了丰富的经验，开发了京东智能客服、京小智平台商家服务、智能金融服务大脑、智能政务热线等产品，服务终端用户超过 5.8 亿，涵盖零售、金融、政务等领域。

ChatJD 旨在深耕垂直产业，实现快速应用落地，推动跨产业普及。计划涵盖智能人机对话平台，预计参数量千亿级。落地路线图"125"计划包括 1 个平台、2 个领域和 5 个应用。1 个平台即 ChatJD 智能人机对话平台，参数千亿级，为垂直产业提供支持。2 个领域涵盖为①零售领域，涉及知识体系、子系统、意图和电商知识图谱，提供丰富的解决方案。②金融领域，积累十年深耕，为金融提供丰富的解决方案。5 个应用领域包括内容生成、人机对话、用户意图理解、信息抽取和情感分类，京东云言犀的 ChatJD 在产业应用中持续展现领先的技术能力和商业价值。如图 5-16 所示。

图 5-16   ChatJD "125" 计划路线图

ChatJD 在通用型 Chat AI 领域积极布局，涵盖多个产品与解决方案。

（1）京东智能客服：为商家提供高效智能客服解决方案，改善用户体验，优化客户服务流程。

（2）京小智平台商家服务：为商家提供智能化的服务，提高运营效率，加强与消费者的互动。

（3）智能金融服务大脑：提供智能金融解决方案，助力金融机构更好地理解客户需求，优化服务。

（4）智能政务热线：提供智能化的政务服务，为政府机构提供更高效、便捷的沟通与交流渠道。

（5）言犀智能外呼：在高峰期呼出超百万通，对话识别率高达98%，服务满意度达96%，适用于多个品类、场景以及仓配、纯配和自营等派送类型。

（6）言犀数字人：为企业提供数字化的虚拟人解决方案，增强与用户的互动体验。

在文本生成方面，京东云通过自研领域模型K-PLUG生成商品文案，覆盖3000+品类，创造超过30亿字，为京东平台带来超过3亿元的GMV。

国海证券的《AIGC+电商专题报告：变革正当时，人货场有望全方位升级》中以海信为例，引入京小智后，成本显著降低，日均成本节省率达50.2%，大促期间更显效果，为海信提升管理效率、降低运营成本提供有效助力。

这些产品和案例凸显了京东云在通用型Chat AI领域的引领地位，为各行各业提供智能化、高效率的解决方案，推动了产业的升级与增效。

5.6.2 "AIGC+电商"行业数据方面布局

电商行业正逐步融合AIGC技术，开创数据驱动新纪元。海量数据被AI挖掘，为电商提供洞察用户需求、个性化推荐和市场趋势的能力，这种智能分析不仅增强了商业决策的准确性，还优化了用户体验，助力电商实现全方位的创新与增长，为企业降本增效提供了更广阔的空间。

1. 传统的数据转化漏斗

传统的数据转化漏斗是一个关键的营销分析工具，如图5-17所示，漏斗以五个层次展示了营销过程中客户数量的变化，同时反映了从最初的展现阶段，到最终的订单生成阶段的整个流程。这个层层递进的过程凸显了用户在不同阶段的流失，揭示了用户因各种原因而离开、失去兴趣或放弃购买的情况。

漏斗的五个层次分别对应了营销的核心环节：首先，大量用户在展现阶段被吸引，然后在点击阶段有所减少；其次，访问阶段更进一步筛选了用户；再次，只有一部分用户进入咨询阶段；最后，仅少数用户成功生成订单。这种逐步缩小的过程，形象地表现了用户在购买过程中的选择和流失情况。

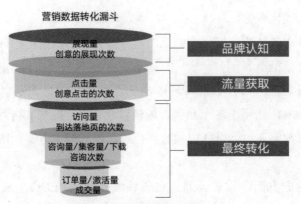

图 5-17　营销数据转化漏斗

通过对每个阶段的客户数量和转化率进行分析，企业可以识别出在哪个环节存在潜在问题，优化用户体验，增加转化率。数据转化漏斗为营销决策提供了有力的依据，帮助企业更好地理解用户行为并优化销售流程，从而提升整体业绩。

AIGC 技术可以在数据转化漏斗的每个环节中提供深度的数据分析和洞察，从而帮助企业更全面地理解用户行为、优化营销策略，提高转化率。以下是 AIGC 在每个环节的应用方式。

（1）展现阶段：AIGC 可以分析大量展现广告的数据，识别出哪些广告创意、内容或定位对用户更具吸引力，从而提高点击率。

（2）点击阶段：AIGC 可以分析用户点击的广告或页面，理解用户的兴趣和需求。通过自然语言处理，可以揭示用户在搜索或点击时的意图，帮助优化页面内容和商品推荐。

（3）访问阶段：AIGC 可以分析用户在网站上的浏览行为，识别用户兴趣，推断他们可能的需求。它可以根据用户的历史行为和数据，为用户提供个性化的推荐，增加页面停留时间和深度浏览。

（4）咨询阶段：AIGC 可用于智能客服，理解用户的问题并提供及时的回答，它可以基于已有的问题和答案数据，帮助用户更快速地获取信息，提升用户体验。

（5）订单生成阶段：AIGC 可以分析用户在订单生成阶段的行为，识别购买意图。它可以通过历史数据预测用户可能感兴趣的产品，提供个性化的推荐，促进订单生成。

综上所述，AIGC技术在数据转化漏斗的各个环节中，通过分析用户行为、预测用户需求、提供个性化推荐等方式，帮助企业更精准地洞察用户，优化营销策略，提高转化率，从而实现更好的业务增长。

2. 电商平台数据方面布局

1）阿里巴巴

阿里巴巴的数据达摩盘是一种数据分析和可视化工具，它可以帮助用户从多个角度深入分析数据，并以直观的方式呈现。数据达摩盘包含多个数据维度，详情请见表5-2。

表 5-2　达摩盘数据维度列举

分类	标签名称	计算方式
基础特征	用户性别	根据用户全网行为综合得出
	用户年龄	根据用户全网行为综合得出
	用户体重	用户在淘宝、天猫、聚划算等平台购物和互动时填写的体重信息，单位：千克
	用户身高	用户在淘宝、天猫、聚划算等平台购物和互动时填写的身高信息，单位：厘米
消费特征	购物决策导向	通过近180天用户在淘宝的互动行为和购买商品的属性信息，进行决策倾向性分类和打分，并按照打分结果进行从高到低5个等级排序
	消费力等级	基于用户在大淘宝的浏览、搜索、购买等行为，综合计算出用户的消费能力水平，并划分为5个等级，等级越高表明消费能力越强
	月均消费金额	近一年用户在淘宝、天猫的月均支付金额，细分为5个区间
	月均消费频次	近一年用户在淘宝、天猫的月均订单笔数，细分为5个区间
	笔均消费金额	近30天用户在淘宝、天猫上平均每笔支付的交易金额
社会特征	用户职业	根据用户的收货地址、在淘宝上的消费行为综合得出
	教育程度	根据用户在淘宝、天猫的互动行为综合计算得出
	人生阶段	根据用户在淘宝、天猫的互动行为综合计算得出
	资产等级	基于用户在大淘系的综合行为得出，值越大预测资产层级越高
	住房档次	确定用户当前居住小区（最近一年运单地址结合定位最多区域）。并对小区进行分档：房价大于城市均值1.5倍的小区属于高档，介于均值与均值的1.5倍之间的小区属于中档，其余小区为低档。
	婚恋阶段	根据全网及各数据供应方信息，统计用户婚姻状态得出所处的婚恋阶段

分类	标签名称	计算方式
亲缘关系	宝宝年龄	根据用户注册信息及最近 180 天在淘宝母婴类目下相关行为等综合预测得出
	宠物年龄	根据近 180 天用户浏览和购买过的商品（如食物类型、服装等）预测宠物是幼年、老年或成年
位置信息	常驻区域	近 180 天内用户使用频率最高的收货地址所处的城市所在的区域
	城市等级	近 180 天内用户使用频率最高的收货地址所处的城市，按照通用的城市等级进行 1~6 线城市划分

阿里巴巴在 AI 领域拥有强大的技术基础和自研芯片，并将 AI 技术广泛应用于各个行业。其 AI 布局多样且丰富，覆盖 AI 芯片、AI 平台、AI 算法、AI 引擎框架、AI 云服务等多个层面。例如，阿里灵杰在交通、零售、政务、司法、金融、教育等领域进行了广泛的 AI 赋能。此外，阿里巴巴通义大模型系列已深度应用于电商、设计、医疗、法律、金融等 200 多个场景。

"达摩盘"标签体系积累了丰富的消费行为数据，将结合模型训练实现精准营销。在自然语言处理领域，大型模型结合 AIGC 可进行智能电商分析，实现精细化营销。这种综合应用使得阿里巴巴能够更好地将 AI 技术应用于各个行业，提升营销效果并为业务提供有力支持。

总之，阿里巴巴的数据达摩盘涵盖了多个数据维度，帮助企业从多个角度全面了解业务情况，进行数据驱动的决策和优化。

2）京东

京东在全产业范围内的 AI 布局为多个环节赋能，涵盖了供应链、营销、服务和运营等关键环节。在供应链领域，AI 技术应用于采购自动化，达到 85% 的自动化率，并协助维持库存周转天数在 30 天左右，实现了全球领先的供应链运营效率。在营销环节，智能外呼、智能推荐、拉新引流、催拍催付等功能大大提升了营销效果。服务环节实现了智能应答、订单确认、物流跟单等功能，提升了客户体验。运营环节则通过用户洞察等功能优化运营策略。

京东金融的 AI 赋能在风控体系方面应用了深度学习、图计算、生物探针等技术，实现了无人审核的授信和放款，坏账率和资损水平比行业平均值低 50% 以上。京东健康的智能分诊利用 AI 技术结合专业知识库和疾病图谱，用户通过简单的语言描述问题，即可得到最适合的科室推荐。这种 AI 赋能在金融和医疗领域具有深远的影响，提升了业务效率和用户体验。

京准通是京东广告联盟推出的数据管理平台（DMP），该平台提供了丰富的用户数据标签，包括行为标签、平台标签和私有标签等。这一平台通过收集多维度的用户数据，建立了丰富的用户标签，主要可分为用户行为、用户属性和行业偏好三个层面。

（1）用户行为：这个层面涵盖了用户在平台上的各种行为，如浏览、搜索、加购、购买、关注等。不仅包括了用户在哪些类目下、品牌商品、店铺内商品中有行为，还考虑了自定义商品和自有商品，同时也包括用户未进行这些行为的情况。

（2）用户属性：这个层面包括了地域属性、基本信息、生活属性和消费属性。地域属性涉及地理位置和天气信息；基本信息包括了人口属性和资产信息；生活属性考虑了用户终端、社会属性、体态特征；消费属性关注促销敏感、消费偏好和消费能力。

（3）行业偏好：这个层面着眼于用户在不同行业中的偏好，涵盖了类目偏好、价位偏好和兴趣偏好。类目偏好指用户对不同行业类目的喜好；价位偏好关注用户对于价格的倾向；兴趣偏好涉及时尚等特定兴趣领域。

这些丰富的数据维度使得京准通的 DMP 能够深入理解用户的行为、属性和兴趣，从而帮助广告主更精准地定位目标受众，实现个性化的广告投放和精准营销。

京东集团 AI 布局高效赋能价值链各环节，基于用户标签体系实现精准营销。如表 5-3 所示为京东在不同价值链环节中，以及在各个应用场景中，如何应用人工智能技术，实现智能化、精细化的操作和服务。

表 5-3　京东营销价值链环节对应大模型应用

价值链环节	应用场景	人工智能技术应用
创意、设计、研发	产品创新：品类洞察、精准选品、C2M 反向定制	京东启明星：实现全链路改善，以消费者为中心的体验分析、数据收集
制造、定价、仓储、配送	智能制造、供应链：智慧物流、智能巡检、端到端自动补货、仓网优化、采购自动化	京东工业互联网平台：物流端到端自动补货、仓网优化；制造工业视觉质检、优化生产参数；仓储数字孪生仓储系统
营销、交易	用户洞察 & 用户推荐：基于用户标签的画像、行为、认知洞察、推荐排序	京东启明星：NLP 算法归因分析精准定位用户体验影响因素；洞察市场基于搜索热度、用户关注度、竞争指数等指标

续表

价值链环节	应用场景	人工智能技术应用
售后服务	导购直播：虚拟主播、自动生成播报内容、根据用户行为主动推荐商品	京东言犀人工智能平台（AIGC、ChatGPT的落地应用）：文本生成自动生成销售文案、语音生成智能客服、外呼、AI 直播
智能客服	智能客服：售中自动跟单、售后主动服务、辅助人工对接、7×24h 服务	

　　通过表 5-2 中这些应用，京东能够在不同环节实现智能化操作，提升用户体验，从而达到更高效的营销和服务目标。

　　整体来说，AI 为电商企业在各个领域提供了深度的洞察和精准的决策支持，例如数据收集、数据处理、用户分析、市场行情分析以及竞争对手和产品分析等。借助大数据和云计算技术，AI 能够实现更高效的数据处理和分析，为企业带来更准确、实时的市场洞察和决策支持，这些应用的推广和深化将为电商行业带来更多的发展机遇和创新突破。

第 6 章　AIGC 在智能营销中的应用

本章将重点探讨 AIGC 在智能营销中的应用。如今，随着人工智能和机器学习技术的发展，智能营销已经成为一种引领营销行业发展的新趋势，它通过理解、分析和预测消费者的行为模式，为营销人员提供了全新的方式来实现精准营销，而 AIGC 在这其中起着至关重要的作用。

AIGC 是一个新兴的领域，它涉及使用人工智能和机器学习技术来自动生成内容，这不仅包括文章、报告和新闻稿等文字内容，也包括图片、音频、视频等多媒体内容。由于其能够大幅提高内容生成的效率和质量，AIGC 正在吸引越来越多营销人员的关注。

首先，我们将讨论 AIGC 与智能营销的关系，以及它在智能营销中的潜力。智能营销涵盖了从消费者行为分析到自动化营销策略的各种环节，而 AIGC 可以在这些环节中发挥关键作用。例如，AIGC 可用于理解消费者的行为模式，预测他们的未来行为，生成个性化的营销内容，帮助公司实现更精准、更高效的营销。此外，AIGC 还可以帮助营销人员更好地理解他们的目标受众，为他们提供更具针对性、更有价值的内容和服务。

接下来，我们将深入探讨 AIGC 在个性化推荐系统中的应用，以及它在智能营销策略、自动化营销和智能客服中的作用，这些都是智能营销的重要组成部分，而 AIGC 则为这些领域带来了许多创新的可能性。

本章的目标是提供一个全面的视角来理解 AIGC 在智能营销中的应用，以及它如何塑造营销的未来。我们希望通过本章的学习，读者可以更好地理解 AIGC 的潜力，以及如何利用它来提升营销的效果。

6.1　AIGC 与智能营销

在本节将深入探讨人工智能生成内容在智能营销中的关键作用以及其未来的发展潜力。我们首先会讨论 AIGC 与智能营销的紧密联系，从提高营销效率实现个性化营销，到更深度的用户数据理解和应用，以及推动新的营销方式，AIGC 在其中发挥着关键作用。接着，我们将分析 AIGC 在智能营销中的潜力，了解它如何改变我们的营销实践，使得品牌能更有效地满足消费者的需求，提高营销效果，从而推动企业的成功。这一节将为我们接下来的讨论奠定坚实的基础。

6.1.1 AIGC与智能营销的关系

人工智能生成内容与智能营销之间的关系既紧密又复杂。在数字营销领域，这种关系的深入探索有助于我们更好地理解AIGC如何改变我们的营销实践，以及它如何为品牌打造与消费者之间更深度的互动关系。

首先，AIGC可以提升营销效率。传统的内容创作和营销策略需要大量的人力和时间投入，而且这些内容和策略的效果往往很难预测。然而，AIGC可以快速生成大量的内容，并且可以根据数据和算法预测这些内容的效果。这不仅节省了营销团队的时间和资源，还使他们能够更好地规划和执行营销策略。

其次，AIGC有助于实现个性化营销。现在的消费者越来越期望得到个性化的体验，他们不再满足于通用的广告和推广活动。而AIGC可以生成针对特定用户或用户群体的内容，这使得企业可以更好地满足消费者的个性化需求，从而提高他们的满意度和忠诚度。

再次，AIGC还可以帮助企业更好地理解和利用用户数据。AIGC可以通过分析用户数据来生成内容，这不仅提高了内容的相关性，也让企业有机会更深入地理解消费者的行为和需求。这些信息对于制定有效的营销策略来说是非常重要的。

最后，AIGC开启了新的营销方式。例如，AIGC可以生成的内容不仅限于文本，还可以是图片、音频、视频等各种格式。这使得企业有了更多的方式来吸引消费者与消费者互动，从而打破了传统营销的限制。

总体来说，AIGC在智能营销中起着关键的作用，它改变了我们的营销方式，提升了我们的营销效果，同时也为我们提供了全新的方式来理解和满足消费者的需求。以百度为例，"AIGC+市场营销"构建了一个多纬度的新型的智能营销模式，如图6-1所示。

图6-1 百度AIGC营销模式

6.1.2　AIGC在智能营销中的潜力

作为一种新兴的技术，AIGC 在智能营销中具有巨大的潜力。

首先，AIGC 可以改变传统的内容生产方式，让内容的生产更加高效，更加贴近用户的需求。这意味着企业可以在更短的时间内，以更低的成本生产出更多的高质量内容，从而提高营销的效率和效果。

其次，AIGC 提供个性化的用户体验，有助于增强用户对品牌的忠诚度。用户在与品牌的互动中获得的个性化体验越好，他们对品牌的忠诚度就越高。AIGC 可以帮助企业实现这一目标，从而在竞争激烈的市场中取得优势。

最后，随着 AI 和机器学习技术的进步，可以预见，AIGC 在未来将在智能营销中扮演重要的角色。例如，我们可能会看到更先进的 AIGC 工具，这些工具能够生成更为复杂、逼真的多媒体内容，包括音频、视频等。这些发展将为企业带来更多的创新机会，同时也会对营销行业带来深远的影响。

总体来说，AIGC 在智能营销中的潜力是巨大的。对于营销人员来说，理解并掌握 AIGC 是必不可少的，这将有助于他们更好地满足用户的需求，提升营销效果，最终推动企业的成功。

6.2　个性化推荐系统：优化用户体验和销售

个性化推荐系统在当今信息爆炸时代中发挥着重要作用，它能够根据用户的个人兴趣和偏好，提供个性化的推荐内容，从而优化用户体验并提升销售效果。个性化推荐系统通过分析用户行为和需求，推送用户感兴趣的商品或服务，是智能营销中的重要组成部分。AIGC 在这个环节中起重要的推动作用，它通过生成大量的内容，协助企业深入理解用户行为和需求，并做出相应的个性化推送。本节将更加详细地探讨个性化推荐系统在优化用户体验和销售方面的作用，涵盖 AIGC 在用户分析中的应用、使用 AIGC 理解用户行为以及基于 AIGC 的用户分类等，并结合实际案例来进一步说明。

6.2.1 AIGC在用户分析中的应用

个性化推荐系统的核心在于能够理解用户的兴趣和偏好，并根据这些信息提供符合用户个性化需求的内容。人工智能在个性化推荐中发挥着关键作用，通过机器学习、深度学习和自然语言处理等技术，能够对用户的行为数据进行深入分析和挖掘，从中提取出用户的兴趣、喜好和购买行为等关键信息，这些信息被用于构建用户画像，进而实现精准的个性化推荐。

用户分析是智能营销的一个重要环节。通过用户分析，企业可以了解用户的兴趣、行为、喜好，从而为他们提供更符合需求的产品或服务。在这个过程中，人工智能生成内容发挥了重要的作用。AIGC能够生成大量的内容，帮助企业洞察用户的行为模式，理解他们的需求。

在AIGC的帮助下，企业可以更深入地理解每一个用户，而不仅仅是他们的总体特征。例如，通过分析用户的浏览记录和购物行为，AIGC可以生成用户的详细画像，包括他们对哪些类型的产品感兴趣、他们在什么时间最活跃、他们的购买力如何等。这些信息对于企业制定精准的营销策略是非常有价值的。

让我们通过一个案例来看看AI是如何在用户分析中发挥作用的。假设我们有一个电商平台，我们想要更好地了解我们的用户，以便为他们提供更个性化的服务。我们可以使用AIGC工具来分析我们的用户的数据，包括他们的购物记录、搜索记录、浏览记录等。

通过这些数据，可以生成每个用户的详细画像。例如，它可以告诉我们，一位用户是一个健身爱好者，他经常购买有机食品和健身器材；另一位用户是一个时尚达人，她经常浏览最新的服装和化妆品，并且对折扣和优惠活动非常敏感。

有了这些信息，我们就可以为这两个用户提供更个性化的服务。例如，我们可以向健身爱好者推荐最新的有机食品和健身器材，向时尚达人推荐最新的服装和化妆品，还可以在适当的时候向她推送折扣和优惠信息。通过这种方式，我们不仅可以提高用户的满意度，还可以提高我们的销售额。

以巨量创意平台中某保健为案例，根据数据分析发现，抖音八大人群对于保健品的卖点及兴趣点不同，如图6-2所示为精致妈妈人群喜好分析，如图6-3所示为小镇青年人群喜好分析。从中可以看出，两种人群在人群洞察方面注重的产品内容、包装以及对于呈现的短视频内容的兴趣点差异化较为明显。

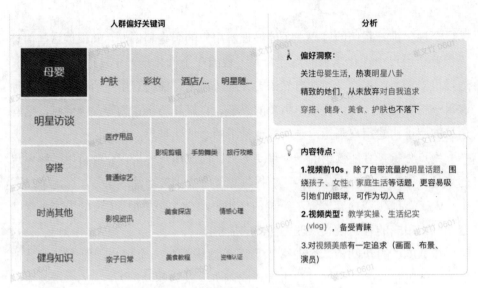

图 6-2　精致妈妈人群喜好分析

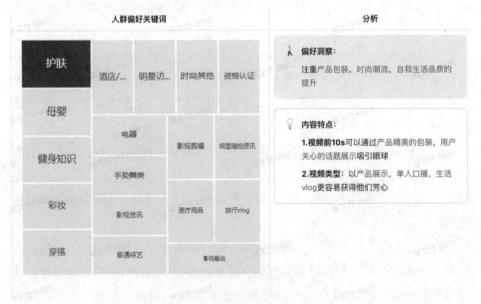

图 6-3　小镇青年人群喜好分析

这只是 AIGC 在用户分析中应用的一个简单示例，实际上，AIGC 在这个领域的应用远不止于此。随着人工智能和机器学习技术的进步，我们可以预见，AIGC 在用户分析中的作用将越来越大。

AIGC 的另一个优点是，它可以处理和分析大量的用户数据。在数字时代，用户产生了海量的数据，包括他们的个人信息、社交媒体行为、购物历史、搜索历史等。这些数据是非常有价值的，因为它们可以帮助企业了解用户的需求和行为模式。然而，由于数据量太大，人工分析几乎是不可能的。而 AIGC 则可以帮助企业解决这个问题。它可以快速地分析大量的用户数据，生成有价值的洞察，从而帮助企业做出更好的营销决策。

例如，假设有一家旅游平台想要了解用户对旅行目的地的喜好，以便为他们提供更好的服务。旅游平台可以使用 AIGC 工具来分析用户数据，包括他们的旅行记录、搜索记录、社交媒体行为等。通过这些数据，AIGC 可以生成每个用户的旅行画像，包括他们喜欢的旅行目的地、旅行方式、旅行时间等。有了这些信息，旅游平台就可以为每个用户提供更个性化的旅行推荐，从而提高他们的满意度，同时也可以提高旅游平台的销售额。

总体来说，AIGC 在用户分析中的应用是非常广泛的，它可以帮助企业更好地理解用户的需求和行为模式，提供更个性化的产品和服务，从而提高用户的满意度和企业的销售额。然而，我们在使用 AIGC 的时候也需要注意数据隐私和伦理问题，确保我们的行为符合相关法律和规定，尊重用户的隐私，不损害他们的权益。

6.2.2　使用AIGC理解用户行为

在智能营销中，理解用户行为是关键的一步，因为用户行为直接影响用户的购买决策。人工智能生成内容为我们提供了一种新的方法来理解和预测用户行为。

传统上，理解用户行为主要依赖市场调研和用户访谈等方法，这些方法虽然有效，但是耗时、耗力，并且难以实现实时更新。而 AIGC 可以自动化、智能化地通过分析用户在网络上的行为数据，如浏览记录、购物车、搜索历史等，来理解用户的行为模式。AIGC 可以将这些数据转化为有价值的洞察，帮助企业更好地理解用户的需求和行为。

例如，某抖音商城店铺想要了解用户在抖店上的行为模式。店铺可以使用 AI 工具来分析用户的浏览记录、购物车、搜索历史等数据，通过这些数据，AIGC 可以为店铺生成用户的行为画像。从图 6-4 所示的"粉丝活跃时间分布"数据，可以分析出用户经常在晚上浏览小店或者观看直播，晚上 8 点以后比较活跃；从图 6-5 所示的"观众成交类目分布"和"观众消费水平分布"数据，可以分析出用户消费能力和消费水平较高。

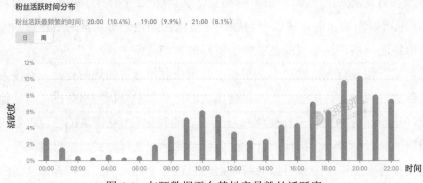

图 6-4   灰豚数据平台某抖音号粉丝活跃度

图 6-5   灰豚数据平台某抖音号用户消费能力

这些信息对我们来说是非常有价值的。首先，根据用户的行为画像来优化我们的网站布局和产品推荐效果，以提高用户体验。例如，我们可以在晚上向经常在晚上浏览我们网站的用户推荐产品；我们可以向经常搜索运动鞋的用户推荐最新的运动鞋；我们可以通过发送提醒邮件来帮助用户完成购物车中的购买。

其次，我们可以根据用户的行为画像来制定更精准的营销策略。例如，我们可以在晚上推出针对晚上活跃用户的营销活动；我们可以针对搜索运动鞋的用户推出运动鞋的促销活动；我们可以针对经常有未支付商品的用户推出优惠券或者折扣，以提高购买转化率。

总体来说，结合 AIGC 技术之后可以智能化地为我们提供了一种全新的方式来理解用户行为，具体可以通过以下示例具体了解。通过 AIGC，我们可以实时地获取用户的行为数据，生成有价值的洞察，从而帮助我们优化用户体验，提高营销效果。

然而，虽然 AIGC 在理解用户行为方面具有很大的潜力，但是我们在使用 AIGC 的过程中也需要注意一些问题。首先，我们需要保证数据收集和分析活动符合相关法律和规定，尊重用户的数据隐私。其次，我们需要确保行为分析结果准确，不会误导我们的营销决策。最后，我们需要注意，虽然 AIGC 可以帮助我们理解用户行为，但是用户行为是复杂的，受到许多因素的影响，我们不能过度依赖 AIGC，忽视其他的营销方法和手段。

6.2.3　基于AIGC的用户分类

对于任何营销策略来说，理解和正确分类目标用户都是至关重要的一步。用户分类可以帮助企业更精准地定位市场，设计出更符合目标用户需求和喜好的产品和服务，从而提高企业的销售额和市场份额。

传统的用户分类方法主要依赖人工收集和分析用户数据，如用户的年龄、性别、职业、收入等。然而，这些方法往往耗时耗力，而且难以处理大量的用户数据。这时，人工智能生成内容就派上了用场了，AIGC 可以快速地处理和分析大量的用户数据，生成更精细的用户分类，帮助企业更好地理解和服务他们的目标用户。

以下是一个关于如何使用 AIGC 进行用户分类的案例。假设一家电商平台想要将用户分为几个不同的群体，以便为他们提供更个性化的服务。我们可以使用 AIGC 工具来帮助我们分析用户数据，包括用户的购物记录、浏览记录、搜索记录等。基于这些数据，AIGC 可以帮助我们生成几个不同的用户群体。例如，它可能会告诉我们，一部分用户经常购买儿童用品，他们可能是家有小孩的父母；另一部分用户经常购买办公用品，他们可能是上班族；还有一部分用户经常在深夜进行购物，他们可能是"夜猫子"。如图 6-6 所示，为抖音母婴行业 7 分段人群内容洞察，根据家庭里孩子的年龄段将人群划分为 7 个阶段，不同阶段的父母关注的话题、关键词、内容、兴趣、直播间以及达人等都存在一定的差异，有了数据分析之后的人群画像就可以做到更加精准地营销。

图 6-6　抖音母婴行业 7 分段人群内容洞察

（来源：飞书分享分档）

　　有了这些用户分类，商家就可以为不同的用户群体提供更个性化的服务。例如，商家可以在儿童用品的推广活动中，主要针对家有小孩的父母进行推荐；商家可以在办公时间以外，向上班族推荐办公用品；商家可以在深夜时分，向"夜猫子"推出特别的优惠活动。

　　总体来说，AIGC 可以通过人工智能、自然语言以及内容推理等为用户分类提供一种新的方法，它不仅可以自动化处理和分析大量的用户数据，生成更精细的用户分类，还可以帮助企业更好地理解和服务他们的目标用户，从而提高企业的销售额和市场份额。

　　虽然 AIGC 在用户分类方面具有很大的潜力，但是在使用 AIGC 的过程中也需要注意一些问题。首先，需要保证数据收集和分析活动符合相关法律和规定，尊重用户的数据隐私。其次，需要确保我们的用户分类结果准确，不会误导营销决策。最后，需要注意，虽然 AIGC 可以帮助我们进行用户分类，但是用户群体是多元和动态的，不能过度依赖 AIGC，忽视其他的市场研究方法和手段。

6.3　智能营销策略：精准定位和优化广告效果

智能营销策略是指使用大数据、人工智能等技术，根据消费者的行为和需求，进行精准的市场定位和广告投放。在这个过程中，AIGC扮演着重要的角色。AIGC可以生成大量的用户数据，帮助企业深入理解消费者的需求，从而设计出更精准的营销策略。本节将更加详细地探讨基于AIGC的智能广告定向和投放、AIGC与社交媒体营销以及内容营销等，并对AIGC在智能营销领域的前景和挑战进行讨论。

6.3.1　基于AIGC的智能广告

广告是企业吸引消费者、推广产品和提升品牌知名度的重要手段。随着科技的进步，人工智能生成内容正在逐渐改变广告行业的运作方式，使得广告变得更加智能和个性化。接下来，我们将深入探讨AIGC在智能广告中的具体应用和其带来的优势。

AIGC可以基于大量的用户数据生成个性化的广告。这种类型的智能广告可以帮助提高点击率和转化率，从而提高营销效果。然而，AI系统的应用不仅停留在生成个性化的广告，它还可以在广告优化、广告投放、广告效果评估等方面发挥作用。

首先，关于广告优化，AI可以通过实时分析用户的反馈，如点击率、转化率等，来自动优化广告的内容和形式。比如，AI可能发现，对于某一部分用户来说，包含优惠信息的广告比其他类型的广告有更高的点击率；对于另一部分用户来说，使用图片广告比使用文字广告更有吸引力。AIGC通过多模态技术，能够智能渲染图片，根据文本指令自动生成广告，从而提高批量化图文生产和营销广告的效率。在营销领域，AIGC可以快速生产大量内容，并进行对比分发，满足了内容爆炸时代对素材的需求。举例来说，Pencil是一家创意AI公司，用户只需上传少量素材，就可以轻松生成多个广告文案和视频，还支持在线编辑、广告替换以及广告效果追踪等功能，从而优化了整个过程。

其次，关于广告投放，AI系统可以通过分析用户的行为模式和时间规律，来确定最佳的广告投放时间。

最后，关于广告效果评估，AI 系统可以通过收集和分析广告的表现数据，如点击率、转化率、销售额等，来评估广告的效果。这不仅可以帮助企业了解广告的表现，还可以为后续的广告策略提供数据支持。AIGC 推动广告素材和投放效果的自我优化，比如 Meta 开发了名为"Advantage+"的创意工具，该工具能够自动组合广告素材并选择最佳结果。在创建新的广告投放任务并明确投放目标后，该工具会自动执行多种创意组合，包括但不限于颜色调整、文字位置和图片大小等，以确保获得最佳的广告效果。在投放广告时，还可以精准选定现有客户群体，同时根据客户反馈进行效果优化，有助于挖掘潜在客户。

此外，使用 AIGC 进行广告创作和投放的另一个优势是，它可以实时反映市场的变化，做出快速的调整。传统的广告制作和投放过程通常需要几天甚至几周的时间，而在快速变化的市场环境中，这种延迟可能会使广告失去效果。而 AI 技术可以实时分析市场和用户数据，立即生成和投放新的广告，大大提高了广告的时效性。

2023 年 5 月，利欧数字率先向市场发布了一款针对营销全行业的 AIGC 生态平台——"LEO AIAD"。这款平台是通过多种模式实现的，包括开源生态、协同开发、自主研发等，并且在开发过程中，与多家国内外顶尖的人工智能公司进行了紧密的合作。营销创意内容支持 AI 自动生成，在"LEO AIAD"中没直接输入用户想法，最快 10 秒就可以生成适合微博、小红书、微信公众号、知乎、邮件、网站、测评等特定营销场景、平台、渠道的图文内容和广告创意。

然而，尽管 AIGC 具有这么多的优点，但在使用 AIGC 生成智能广告的过程中，我们也需要注意一些问题。首先，我们需要确保广告活动符合相关法律和规定，尊重用户的权益。其次，我们需要确保广告内容和形式符合用户的喜好和期望，不会引起用户的反感。最后，我们需要注意，虽然 AIGC 可以帮助我们生成智能广告，但广告的效果还受到很多其他因素的影响，如产品的质量、价格、服务等，我们不能忽视这些因素。

总结起来，AIGC 能帮助企业更好地理解消费者的需求，生成个性化的广告，提高广告效果，最终提升销售业绩和品牌知名度。虽然还存在一些挑战和问题，但随着技术的进步和市场的发展，AIGC 在广告领域的应用将会越来越广泛，其带来的影响和价值也将越来越大。

6.3.2　AIGC与社交媒体营销

社交媒体的兴起改变了人们获取信息和交流的方式，也为营销策略带来了全新的可能性。AIGC 作为一种强大的工具，能帮助企业深入理解社交媒体用户的行为，生成更符合用户需求的内容，从而提高社交媒体营销的效果。

首先，AIGC 可以帮助企业进行精准的用户分析。通过收集和分析社交媒体上的用户数据，如用户的关注、点赞、评论、分享等行为，AIGC 可以帮助企业理解用户的兴趣、情感、需求等，从而生成更符合用户喜好的营销内容。例如，AIGC 分析发现某一部分用户对环保话题特别关注，企业就可以生成关于环保产品或服务的营销内容，以吸引这部分用户的注意。

其次，AIGC 可以帮助企业进行个性化的内容生成。基于用户数据，AIGC 可以生成针对特定用户或用户群体的个性化内容。比如，对于喜欢户外运动的用户，企业可以生成关于户外装备的推荐内容；对于关注健康饮食的用户，企业可以生成关于健康食品的知识内容。这种个性化的内容不仅更能吸引用户的注意，也更有可能引发用户的互动，从而提高营销的效果。

最后，AIGC 可以帮助企业进行实时的内容调整。社交媒体的信息更新速度非常快，用户的兴趣和需求也会随着时间和事件的变化而变化。AI 可以实时分析社交媒体上的数据，根据用户的反馈和市场的变化，进行内容的调整和优化。例如，针对社交媒体上引发的话题营销，可以使用万彩 AI 生成微博营销推文，如图 6-7 所示。

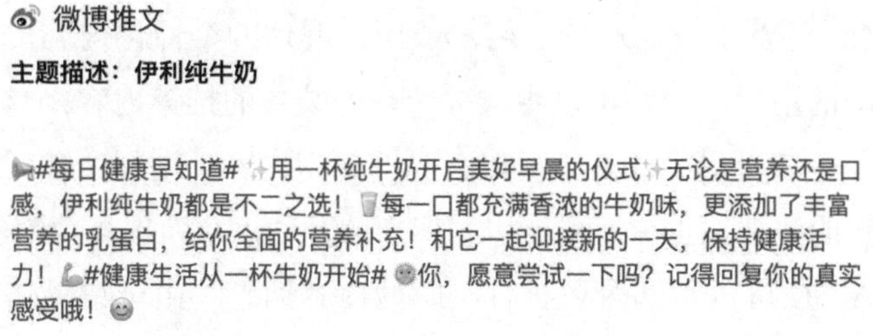

🎤 微博推文

主题描述：伊利纯牛奶

📢#每日健康早知道# ✨用一杯纯牛奶开启美好早晨的仪式✨无论是营养还是口感，伊利纯牛奶都是不二之选！🥛每一口都充满香浓的牛奶味，更添加了丰富营养的乳蛋白，给你全面的营养补充！和它一起迎接新的一天，保持健康活力！💪#健康生活从一杯牛奶开始# 😊你，愿意尝试一下吗？记得回复你的真实感受哦！😋

图 6-7　万彩 AI 生成的微博营销推文

然而，AIGC 在社交媒体营销中的应用也需要注意一些问题。首先，企业需要遵守相关的法律法规，尊重用户的隐私，不能滥用用户数据。其次，企业需要保证内容的质量和真实，不能生成虚假或误导性的内容。最后，虽然

AIGC 可以帮助企业生成和优化内容，但成功的社交媒体营销还需要企业有良好的服务和高质量的产品。

总体来说，AIGC 为社交媒体营销提供了新的可能。通过精准的用户分析、个性化的内容生成和实时的内容调整，AIGC 可以帮助企业提高社交媒体营销的效果，提升品牌的影响力和用户的满意度。随着技术的进步，我们相信 AIGC 在社交媒体营销中的应用将会更加广泛和深入。

6.3.3   AIGC与内容营销

内容营销是营销策略的一种，它着重于创建和分享有价值、相关且一致的内容，以吸引和保留明确定义的观众，最终驱动盈利的客户行动。在数字化时代，内容营销的重要性日益凸显。然而，要持续产出高质量且吸引人的内容无疑是个挑战。在此，AIGC 的潜力显现出来，其可以应用于各种类型的内容创作，如博客文章、社交媒体帖子、电子书、邮件营销等，帮助企业提升内容营销效果。

首先，AIGC 可以帮助企业生成大量的高质量内容。在内容营销中，内容的数量和质量都至关重要。然而，传统的内容创作方式往往需要花费大量的人力和时间。而 AIGC 可以通过学习大量的文本数据，自动生成各种类型的内容。比如，它可以生成教育性的博客文章，帮助用户解答问题；也可以生成引人入胜的故事，吸引用户的注意。

其次，AIGC 可以帮助企业进行个性化的内容营销。通过分析用户的行为和喜好，AIGC 可以生成针对特定用户或用户群体的个性化内容。比如，对于喜欢户外运动的用户，企业可以生成关于户外装备的推荐内容；对于关注健康饮食的用户，企业可以生成关于健康食品的知识内容。这种个性化的内容不仅更能吸引用户的注意，也更有可能引发用户的互动，从而提高营销的效果。

最后，AIGC 可以帮助企业进行实时的内容调整。由于市场环境和用户需求的不断变化，企业需要能够实时调整内容营销策略。而 AIGC 可以实时分析市场和用户数据，根据最新的趋势和反馈，进行内容的调整和优化。例如，如果 AIGC 发现某个话题在社交媒体上被热议，它可以立即生成关于这个话题的内容，帮助企业抓住市场热点。

2023 年 7 月中旬，传统电商平台淘宝推出了生成式 AI 的智能家居服务，用户在淘宝站内搜索"AI造个家"，就可以进入智能化 AI 创造装修风格的页面，如图 6-8 所示为极有家真能造的主页面。目前极有家只支持选择空间、房屋状态和选择风格三个功能模块，如图 6-9 所示。用户根据需求进行设置，然后生成设计图，另外，还可以根据设计图内的商品直接链接到淘宝站内搜同款，如图 6-10 所示。如果有喜欢的设计图可以单击下载箭头进行下载，下载后的设计图如图 6-11 所示。

图 6-8　极有家真能造的主页面　　图 6-9　选择功能模块　　图 6-10　生成结果搜同款

图 6-11　保存的设计图

然而，AIGC 在内容营销中的应用也需要注意一些问题。首先，企业需要保证内容的质量和真实性，不能依赖 AIGC 生成虚假或误导性的内容。其次，企业需要尊重用户的隐私，不能滥用用户数据。最后，虽然 AIGC 可以帮助企业提高内容营销的效率，但成功的内容营销还需要企业有扎实深入的行业知识、明确的营销策略和良好的用户服务。

总体来说，AIGC 为内容营销提供了新的可能性。AIGC 自动生成高质量的内容，进行个性化的营销，实时调整内容，可以帮助企业提高内容营销的效果，提升品牌的影响力和用户的满意度。随着技术的进步，相信 AIGC 在内容营销中的应用将会更加广泛和深入。

6.4　智能客服：提供个性化和高效的服务

随着互联网和人工智能技术的飞速发展，智能客服正逐渐改变传统的客户服务模式，AIGC 可以 7×24 小时全天候提供服务，理解并解决客户问题，大大提升了客户体验和服务效率。在本节将讨论 AIGC 在处理客户咨询、自动回复系统以及客户行为预测等方面的应用，并通过实际案例展示其应用和优势。同时，我们也会关注在实践中可能出现的挑战，以及可能的解决方案。

6.4.1　AIGC与智能客服的关系

智能客服作为一种新兴的客户服务模式，它利用人工智能技术，特别是人工智能生成内容（AIGC），来提供全天候、个性化和高效的客户服务。下面，我们将深入探讨 AIGC 与智能客服的关系，以及 AIGC 如何提升智能客服的效能。

首先，AIGC 可以帮助智能客服系统进行自动化的客户服务。传统的客户服务需要人工接听客户的咨询和投诉，处理各种客户请求，这种方式不仅工作强度大，效率低，而且受到时间和人力的限制。而 AIGC 可以通过学习大量的客户服务数据，理解和处理各种类型的客户请求，从而实现客户服务的自动化。比如，客户可以通过智能客服系统查询账单，修改个人信息、申请服务等，无须等待人工服务。

其次，AIGC可以帮助智能客服系统进行个性化的客户服务。每个客户的情况和需求都是独特的，个性化的服务可以提升客户的满意度和忠诚度。而AIGC可以通过分析客户的行为和历史记录，理解客户的需求和期望，从而提供个性化的服务。比如，智能客服系统可以根据客户的购买记录，推荐相关的产品或服务；可以根据客户的服务历史，预测客户可能遇到的问题，提前提供解决方案。

最后，AIGC可以帮助智能客服系统进行实时的服务优化。客户的反馈是优化服务的重要依据。然而，传统的客户服务往往缺乏有效的反馈机制，难以实时优化服务。而AIGC可以实时收集和分析客户的反馈，根据反馈调整服务策略，从而实现服务的实时优化。比如，如果智能客服系统收到很多关于某个问题的咨询，它可以自动优化相关的解答，使得解答更清晰易懂。

比如，携程推出的"携程问道"平台，用户可以通过对话的方式，一键式获取自己想要的旅游信息，包括旅游攻略、酒店、民宿及交通信息等，对于用户还未完全确定的旅行需求，智能化出行推荐服务能提供极大的帮助。用户只需表达出一些初步的想法，像是携程问道这样的智能服务可以提供旅行目的地、酒店、景点等行程规划和优惠预订选项的推荐。

例如，当用户表达"重庆的天气实在太炎热，我应该去哪里避暑？"时，携程问道会根据"目的地口碑榜"，推荐出贵阳、秦皇岛、西宁等适合消暑地方。

特别值得关注的是，携程问道能够依据用户的提问，灵活调整其回答策略。举例来说，"去巴厘岛旅游需要注意什么？"是一个比较模糊的需求，而"巴厘岛酒店推荐"或者"在巴厘岛需要准备多少现金"则是更具体的需求，携程问道能够"实时切换"，给出满足用户需求的精准答案，如图6-12所示。

更进一步，携程问道会在回答问题的同时提供超越问题本身的信息。以"在巴厘岛需要准备多少现金"为例，携程问道的答案是，建议每人每天准备人民币200元至500

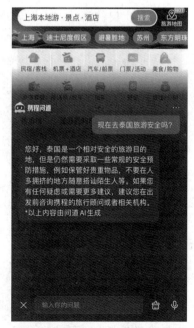

图6-12 携程问道对话生成式内容

元的现金，以支付餐饮、交通、门票等费用，这种超越问题本身的回答，让用户在获取答案的同时，也能得到更多的旅行建议。

虽然 AIGC 带来了很多优势，但在实际应用中，我们也需要注意一些问题。首先，虽然 AIGC 可以理解和处理很多类型的客户请求，但对于一些复杂和特殊的请求，可能还需要人工介入。其次，虽然 AIGC 可以提供个性化的服务，但我们需要尊重客户的隐私，不能滥用客户数据。最后，虽然 AIGC 可以进行实时的服务优化，但还需要建立有效的反馈机制，确保客户的反馈能够被正确理解和处理。

总体来说，AIGC 与智能客服的关系是密切的。通过自动化服务、个性化服务和服务优化，AIGC 可以帮助智能客服系统提升服务效能，提供更好的客户体验。但同时，我们也需要注意在实际应用中可能遇到的问题，确保服务的质量和客户的满意度。

6.4.2　AIGC在处理客户咨询中的应用

在客户服务中，处理客户咨询是最常见也是最重要的一项任务。传统的客户服务方式往往需要人工接听电话或在线回复信息，对客户的问题进行解答。这种方式不仅效率低，质量也难以保证。然而，借助 AIGC 技术企业可以实现客户咨询的自动化处理，提高服务效率和质量。

首先，AIGC 可以实现客户问题的自动解答。通过学习大量的问题和解答数据，AIGC 可以理解客户的问题，自动生成答案。这种方式不仅可以提供全天候的服务，而且可以在短时间内处理大量的问题，大大提高了服务效率。

其次，AIGC 可以根据客户的问题和情况，提供个性化的解答。传统的解答往往是标准化的，难以满足不同客户的个性化需求。而 AIGC 可以分析客户的问题和背景，生成针对特定客户的个性化解答。这种方式不仅能更好地解答客户的问题，也能提升客户的满意度。

最后，AIGC 可以通过持续学习，不断优化解答的质量。随着服务的进行，AIGC 可以收集和分析客户的反馈，根据反馈调整解答策略和内容，从而不断提高解答的质量。

以京东商城为例，京东的智能客服就是利用 AIGC 技术处理客户咨询的一个个典型案例。在自动解答方面，它可以通过学习大量的咨询记录和解答，自动回答客户关于商品、订单、退换货等问题。在个性化解答方面，它可以分析客户的购买记录和问题，提供针对性的解答和建议，如推荐相关的商品，提醒客户关注的活动等。在服务优化方面，它可以根据客户的反馈，调整解答策略和内容，如优化解答的表述，增加解答的详细程度等。

比如，智齿科技的 Sobot AI 突破性智能客服机器人，加入了自然语言和大模型技术，直接回答率提升 15% ～ 35%，每接待 20 万会话就能节省 1 个人工成本，自动应答，体验 AIGC 联络新模式，而且还能根据历史行为智能化推荐以及推测用户喜好等，如图 6-13 所示。

图 6-13 Sobot AI 智能对话机器人功能

然而，虽然 AIGC 在处理客户咨询中有很多优势，但在实际应用中，我们也需要注意一些问题。首先，对于一些复杂和特殊的问题，可能需要人工介入。其次，AIGC 生成的解答需要符合法律法规，不能侵犯客户的权益。最后，我们需要建立有效的反馈机制，确保 AIGC 能够根据客户的反馈，不断优化解答。

总体来说，AIGC 在处理客户咨询中有很大的应用潜力。通过自动解答、个性化解答和服务优化，AIGC 可以帮助企业提高客户咨询的处理效率和质量。随着技术的进步，我们期待 AIGC 在处理客户咨询中的应用会更加广泛和深入。

6.4.3 AIGC在自动回复系统中的应用

自动回复系统是智能客服的一种重要形式，通过设定规则或使用人工智能技术，它能自动回复用户的问题或请求。AIGC 在这个领域的应用为自动回复系统带来了许多改变和优势。

首先，AIGC 可以提高自动回复系统的响应速度和准确性。传统的自动回复系统通常基于设定的规则或关键词来回复用户，这种方式不仅响应速度慢，而且准确性不高。而 AIGC 通过学习大量的对话数据，理解用户的语言和需求，可以快速且准确地回复用户。比如，用户问到关于退货政策的问题，AIGC 可以立即提供详细的退货步骤和注意事项。

其次，AIGC 可以提供个性化的回复。传统的自动回复系统往往只能提供标准化的回复，难以满足用户的个性化需求。而 AIGC 通过分析用户的问题和背景，可以生成针对特定用户的个性化回复。比如，针对询问产品使用方法的用户，AIGC 可以根据用户购买的具体产品型号，提供对应的使用指南。

最后，AIGC 可以帮助自动回复系统进行实时的学习和优化。市场环境和用户需求的变化，需要自动回复系统进行实时的学习和优化。而 AIGC 可以通过收集和分析用户的反馈，实时调整回复的内容和策略。

以中国的互联网巨头阿里巴巴为例，阿里巴巴的智能客服"AliMe"就利用了 AIGC 进行自动回复。AliMe 通过学习大量的客户服务数据，能准确理解用户的问题，并提供快速、准确的回复。同时，它还可以根据用户的购买记录和咨询内容，提供个性化的服务和建议，如推荐相关的商品、提供个性化的售后服务等。此外，AliMe 还可以通过收集用户的反馈，实时优化回复的内容和策略，提高服务的满意度。如图 6-14 所示。

图 6-14   AliMe 使用演示

然而，AIGC 在自动回复系统中的应用也存在一些挑战。首先，AIGC 需要处理各种类型和复杂的问题，这需要强大的算法和大量的数据支持。其次，AIGC 生成的回复需要遵守法律法规，不能侵犯用户的权益。最后，虽然 AIGC 可以提供个性化的回复，但我们需要尊重用户的隐私，不能滥用用户数据。

总结，AIGC 在自动回复系统中的应用具有巨大的潜力。通过提高回复的速度和准确性，提供个性化的服务，实时优化回复，AIGC 可以大大提升自动回复系统的效果，提高用户满意度。随着技术的进步，我们期待 AIGC 在自动回复系统中的应用会更加广泛和深入。

6.4.4 AIGC在客户行为预测中的应用

客户行为预测是指通过分析历史数据来预测未来的客户行为，如购买行为、点击行为等。客户行为预测在许多场景下都极为重要，如产品推荐、广告投放、客户流失预警等。AIGC 的出现极大地推动了客户行为预测的发展和应用。

首先，AIGC 可以通过大量的客户数据进行深度学习，建立精准的预测模型。传统的预测方法通常基于简单的统计模型，预测准确性受限。而 AIGC 可以通过复杂的神经网络模型，学习客户的深层次特征和行为模式，大大提高了预测的准确性。

其次，AIGC 可以进行实时的预测。在许多场景下，我们需要对客户的即时行为进行预测，如预测客户是否会点击某个广告、是否会购买某个产品等。而 AIGC 可以通过实时分析客户的行为数据，进行实时的预测。

最后，AIGC 可以将预测结果反馈给智能客服系统，以提供更好的服务。例如，如果预测到某个客户可能会退货，智能客服系统可以主动联系客户，了解其问题，提供解决方案。

网易云音乐平台拥有数亿级的用户数据，每天都有大量的用户行为数据产生，包括用户的搜索行为、播放行为、分享行为等。这些数据对于理解用户的音乐喜好、预测用户的下一步行为非常有价值。然而，由于数据量巨大，多样性强，传统的数据分析方法难以应对。

为了解决这个问题，网易云音乐利用 AIGC 建立了用户行为预测模型。该模型通过深度学习技术，学习用户的历史行为和特征，预测用户可能喜欢的歌曲和歌手。预测结果不仅用于个性化推荐，提高用户体验，也用于智能客服，提供更好的服务。

具体来说，当用户搜索一首歌曲时，预测模型会立即分析用户的搜索行为，预测用户可能感兴趣的其他歌曲，然后推荐给用户。这不仅提升了用户的使用体验，也增加了平台的活跃度和用户黏性。

在智能客服方面，预测模型也发挥着重要作用。例如，当用户提问"我想听些轻松的音乐"时，智能客服会结合预测模型的结果，推荐一些用户可能喜欢的轻松音乐。

然而，AIGC 在客户行为预测中的应用也有挑战。例如，由于每个用户的音乐喜好都是独特的，预测模型需要处理大量的个体差异。此外，音乐喜好可能会随着时间和情绪的变化而变化，这需要预测模型具有良好的适应性。

另外，基于 TigerBot 开源大模型生成的智能聊天机器人 TigerBot，该机器人支持文章创作、表格数据统计、尝试问答等，并支持多模态，能生成图片绘画。在对话中，可以支持情景对话、分角色对话、规定情绪对话，创建专属于用户的个人对话伙伴或个性对话场景。

然而，AIGC 在客户行为预测中的应用也存在一些挑战。首先，预测的准确性受到数据质量的影响，如数据的完整性、准确性等。其次，需要处理客户隐私的问题，不能滥用客户数据。最后，预测的结果需要与实际的业务场景结合，不能仅仅依赖模型的预测。

总体来说，AIGC 在客户行为预测中的应用具有巨大的潜力和价值。通过深度学习、实时预测和反馈应用，AIGC 可以帮助企业更好地理解客户，提供更好的服务，提高营销的效果。随着技术的进步，我们期待 AIGC 在客户行为预测中的应用会更加广泛和深入。

6.5　实战案例：AIGC 赋能"人、货、场"，全领域辅助营销

在电商领域，传统的"人、货、场"模式正迎来 AIGC 的全面赋能，为其注入新的创意和动力。人工智能的介入让电商营销在个性化用户体验、智能商品推荐以及虚拟场景创造等方面迈向了全新境界。本节将深入研究 AIGC 如何在电商领域催生"人、货、场"全领域辅助营销，透析其蕴含的精彩应用场景，为读者呈现一幅智能电商营销的精彩画卷。

6.5.1　传统电商平台的"人、货、场"

传统电商平台的"人、货、场"模型代表了在传统零售和电商模式中，

人、货、场三大要素之间的紧密关系。这一模型在电商运营中具有重要作用。首先，"人"代表着消费者或用户，是电商平台的核心。其次，"货"代表商品或产品，是电商平台的重要资产。最后，"场"代表销售和营销场景，构成了电商平台的营运环境。

传统电商平台如何通过合理运营和优化人、货、场三个要素来提高销售效率？在现有的电商营销模式下，电商平台通过精准的用户定位（人）、优质的商品供应（货）以及良好的购物环境和体验（场）来实现销售增长和用户满意度提升，如图6-15所示为抖音的"人、货、场"策略呈现。

图6-15 抖音"人、货、场"展示

（来源：2022年抖音电商"FACT+"全域经营方法论白皮书）

（1）人：电商平台依靠用户画像和行为数据，进行精准的用户定位和个性化推荐。通过分析用户的浏览、搜索、购买等行为，平台可以了解用户的兴趣、喜好，从而为其呈现相关的商品和内容。

（2）货：商品作为电商平台的核心，需要保证质量、多样性和供应的稳定性。平台通过建立供应链、拓展合作伙伴，确保商品的品质，并提供多种选择，以满足不同用户的需求。

（3）场：购物环境和体验是用户决定是否下单的重要因素之一。电商平台通过页面设计、用户界面优化、购物流程简化等手段，营造舒适的购物环境，提高用户的购物满意度。

传统"人、货、场"模式在电商中取得了一定的成绩，但也存在一些挑战，如用户需求多样化、信息过载等。这时，AIGC 的介入为电商带来了新的可能性，通过智能化技术可以更好地满足用户个性化需求，优化商品推荐，创造更具吸引力的购物场景，实现电商营销的升级与创新。

目前在电商平台的运营中，"人、货、场"模型引导了丰富多样的购物场域，以抖音为例，针对不同消费者的购买心理和决策习惯，通常存在两种主要的交互模式。

首先，一种模式是通过短视频或直播等形式，直接触达消费者，从而实现交易的转化。这种模式下，消费者在被动地接触商品内容后，直接进行购买决策，这一路径被称为"货找人"。在这种情况下，购物的过程是由商品内容引导消费者进行的，强调的是直观的产品展示和情感共鸣。

其次，另一种模式是消费者被触达后，在积累了一定的购物心理后，主动进行信息检索，以增加对商品的了解。这种主动检索的方式被称为"人找货"路径。在这种模式中，消费者对特定商品或需求产生了兴趣，通过主动搜索、咨询、比较等方式来获取更多信息，最终决定是否购买。这个过程强调的是消费者的主动参与和信息获取能力，如图 6-16 所示。

图 6-16　抖音平台的"人找货"和"货找人"

（来源：2022 年抖音电商"FACT+"全域经营方法论白皮书）

这两种路径的存在反映了消费者在购物过程中的多样性和变化性。电商平台需要根据不同的消费者类型和偏好，提供相应的购物体验和信息支持，从而更好地满足他们的需求。而 AIGC 技术的引入进一步加强了个性化定制和智能推荐，为这两种路径的落地提供了更强的支持，从而提升了电商营销的效果和用户体验。

6.5.2　AIGC赋能电商营销"人"应用场景

在电商领域，AIGC 的智能能力赋予了营销的"人"要素以更高的个性化和智能化。通过深度分析用户行为和数据，AIGC 为电商平台创造了各种应用场景，提升了用户购物体验，增强了用户参与度，以及促进了销售转化，本节主要介绍三个方面的应用，如图 6-17 所示。

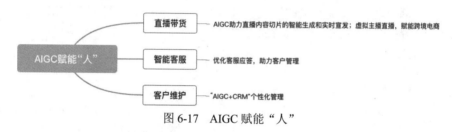

图 6-17　AIGC 赋能"人"

1. AIGC助力直播带货降本增效

在电商领域，AIGC 极大地助力了营销中的"人"要素，特别是在直播带货方面。通过智能生成和实时宣发直播内容的切片，AIGC 为平台引流直播间提供了更高效的方式，降低成本的同时提升了效率。

在直播带货过程中，内容电商的优势显著。通过将视频内容与直播带货相结合，消费者更愿意停留更长时间，有效促进了用户参与度。AI 技术的应用使得识别高光时刻并剪辑成视频变得智能化，这实现了对直播切片的自动生成和实时宣发。这种方法吸引了更多观众进入直播间，进一步增加了话题度和热度。

虚拟主播是 AIGC 在直播带货领域的又一利器。虚拟主播不受疲劳影响，能够满足夜间等无人直播时间段的购物需求，从而促进了 GMV 的增长。此外，虚拟主播的人设与数据内容由品牌方掌握，避免了人设崩塌和知识错误的情况。

下面以京东和小冰为例。

京东言犀虚拟主播的应用已经显著降低了直播成本，提升了 GMV。虚拟主播在跨境电商直播中也发挥着重要作用，解决了语言障碍问题，降低了寻找当地主播以及培训成本；小冰公司的虚拟主播已经成功应用于 TikTok 跨境直播。

总体来说，AIGC 通过在直播带货领域的应用，不仅为电商平台创造了更高效的内容生成和宣发方式，还为虚拟主播的发展带来了巨大机遇，进一步推动了电商营销的创新和升级。

2. AIGC赋能智能客服，解放人力

在电商领域，AIGC 在客服咨询方面发挥了显著的作用，实现了客服系统的升级，同时提供了更高效的商家客户管理方式。AIGC 的应用促进了客服系统的回复效率提升，从而降低成本、增加效益。

AIGC 在客服系统方面的助力主要体现在两个方面。首先，AIGC 赋能了客服系统的内容回复形式，使其更加多样化，同时能够实现多渠道消息的合并收集。通过智能排列回复任务的优先级，AIGC 提高了客服响应效率和质量，使客户得到更快速、准确的解答。

其次，AIGC 助力了人机交互更加流畅，进一步降低了成本，同时赋能商家的客户管理。智能客服机器人在电商平台已经承担了部分人工客服的工作，进行简单对话和业务处理。通过 AIGC 的应用，智能客服不仅可以根据已有信息确认客户资质，还能实现潜在客户的挖掘等功能。接入 AIGC 后，人机交互更加流畅智能，进一步提高了客户体验，节约了人工成本，并助力商家更精准地管理客户。

以多客为例，在电商领域，提供持续的客户服务是至关重要的。然而，传统的人工客服难以实现 7×24 小时不间断服务，这就为电商企业带来了一定的挑战。为了解决这一问题，多客率先将 ChatGPT 技术应用于客户服务中，实现了客服 7×24 小时的在线服务，自动回复用户的问题。

ChatGPT 是一种基于人工智能的自然语言处理技术，能够理解用户的问题并以自然的方式回复。多客将 ChatGPT 集成到其客服系统中，使得用户在任何时间都可以得到即时的响应，提升了用户体验。这种自动化的客户服务不仅可以实现 7×24 小时不间断的在线回复，还可以解决大量重复性问题，减轻人工客服的工作负担。同时，多客使用 ChatGPT 技术，用户能够获得快速、准确的回复，提高了客户满意度和忠诚度。

总体来说，AIGC 通过在客服咨询领域的应用，不仅提高了客服系统的回复效率和质量，还使人机交互更加智能和流畅，从而为电商平台带来了成本的降低和客户管理的升级。

3. AIGC结合客户维护，实现精细化运营

在电商营销中，有效的客户管理是取得成功的关键之一。随着人工智能技术的发展，AIGC 与 CRM 系统的组合应用正日益受到电商企业的重视，因为它们的结合可以显著提升客户管理效率。

AIGC 作为一种人工智能技术，能够自动生成文本、图片、视频等内容，当 AIGC 与 CRM 系统结合时，可以实现智能化的客户管理，进一步提升营销效果。在 6.4 节已经做过详细的讲解，在此不再赘述，我们来看一个案例。

2023 年 3 月 7 日，CRM 厂商 Salesforce 发布了世界上第一个用于 CRM 的生成式人工智能 Einstein GPT，该产品将 Salesforce 自主研发的 Einstein AI 模型与 OpenAI 的企业级 ChatGPT 技术相融合，以实现在客户管理领域的低代码、低操作需求。通过自然语言下达指令，Einstein GPT 能够执行相应操作，并随需求不断调整自动生成的结果；其功能包括但不限于个性化客户互动、无代码创建引导页以及增长趋势洞察等；该技术可在销售、服务、营销、商业等各个领域提供人工智能创建的内容，如图 6-18 所示。

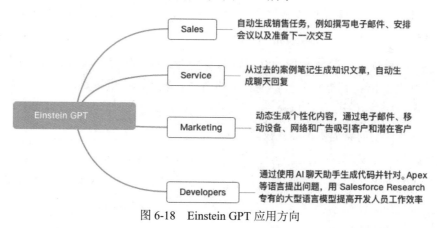

图 6-18　Einstein GPT 应用方向

融合 AIGC 和 CRM 系统的组合，将为企业带来诸多益处。首先，客户管理变得更加智能化，可以通过自然语言交互进行操作，减少了烦琐的手动操作。其次，个性化客户互动能够更加精准地满足客户需求，提升客户满意度。无代码创建引导页则加速了营销活动的部署，提高了反应速度。而增长趋势洞

察能够从数据中挖掘潜在机会，为企业决策提供更多参考。

通过将 AIGC 与 CRM 系统相结合，电商企业可以实现更智能、高效、个性化的客户管理，提升用户体验和业务效率。这种组合的应用将为电商企业带来更多的机会，提高品牌竞争力，并在激烈的市场竞争中取得优势。

6.5.3　AIGC赋能电商营销"货"应用场景

在电商领域，AIGC 的应用已经赋能商品相关环节，实现了智能化的选品、展示和虚拟试穿等创新。在本节中，我们将探讨 AIGC 如何在电商营销的"货"方面发挥作用，进一步提升商品推广、分类和供应链优化等方面的效率和效果，本节主要介绍两个方面应用场景，如图 6-19 所示。

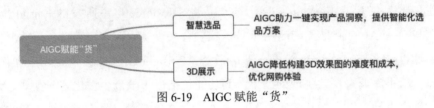

图 6-19　AIGC 赋能"货"

1. AIGC赋能实现智慧选品

AIGC 在电商营销的"货"方面扮演着重要角色，为品牌方提供了强大的消费洞察和产品优化工具。品牌商家可以通过 AIGC 应用实现消费者分析并获得产品改进建议。举例来说，SHULEX 是一个 ChatGPT 插件工具，适用于亚马逊和 Shopify，它能够分析特定商品的消费者趋势，提供针对性的修改建议，比如从产品评论中 AIGC 技术可以一键分析购买动机、产品优缺点、客户期望等，从而帮助商家提供选品建议。

此外，在天猫 TMIC 平台上，发布了名为 AICI 的新品研发工具，利用基于天猫数据形成的消费洞察，并结合细分市场的增长情况，分析消费者购买决策因素，为品牌商家提供智能化选品建议，锁定更受欢迎的产品要素。

2. AIGC提升3D生产效率

AIGC 在电商领域广泛应用于 3D 产品展示，显著优化了消费者购物体验。虽然目前许多电商平台已支持 3D 产品展示，但由于制作成本和展示效果等因素的制约，仅少数商品上传了 3D 展示图。在 AIGC 的赋能下，构建 3D 展示图的难度和成本降低，为商品广泛应用 3D 展示创造了可能。根据电商平台数据，采用三维购物的转化率平均值约为 70%，相较于行业平均水平提升了近十倍，同时成交客单价提升两倍多，商品退换货率也明显降低。

实际案例中，跨境电商平台店匠 Shoplazza 已推出"Coohom 3D & AR Viewer"应用，协助商家上传产品的 3D 展示，实现场景化购物；而阿里巴巴于 2021 年推出了"立体版天猫家装城"，为商家提供设计工具与商品三维模型生成服务，帮助商家构建三维购物空间，同时支持消费者自行设计家装搭配。而 AIGC 平台，如 Poly、Dora Al、Luma Al、illostrationAl、Realibox Al 等可以快速生成 3D 内容，帮助品牌方降本增效，如图 6-20 所示，AIGC 平台可以让用户自己直接操作生成 3D 产品，操作界面简单，支持批量生成，最大效能帮助客户降本增效。

图 6-20　Spline Al 操作的 3D 生成界面

AIGC 还在家装设计领域大显身手，简化了 3D 模型构建流程，为家居装饰等行业赋能。商家能通过构建 3D 场景向客户展示设计成果，创造沉浸式购物体验，增加购买意愿，减少退货情况。除了上文介绍的天猫案例之外，COLLOV 等北美设计师网站将 AIGC 与 3D 构建结合，使消费者通过提供照片和偏好选择，自动生成全屋设计方案，并支持替换局部产品，展示不同商品在设计方案中的效果。这些实例展示了 AIGC 在优化商品展示、提升购物体验方面的强大潜力。

6.5.4　AIGC赋能电商营销"场"应用场景

在电商领域，AIGC 的应用扩展到了营销和销售场景，实现了以人、货、场为核心的全方位升级。通过 AIGC 的赋能，电商平台能够构建更具吸引力的虚拟货场、智能物流履约系统，如图 6-21 所示，以及创意性的内容创作，为消费者提供更丰富的购物场景和更优质的购物体验。本节将探讨 AIGC 如何在电商的"场"环节中发挥作用，从而推动电商营销策略的创新与升级。

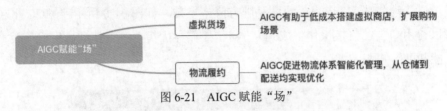

图 6-21　AIGC 赋能"场"

1. 虚拟货场：AIGC有助于低成本搭建虚拟场景

在电商领域，虚拟购物场景的崛起为消费者带来了全新的购物体验。虚拟货场作为其中的重要一环，让顾客能够在身临其境的环境中尽情逛街、购物，并且享受沉浸式的体验。在这一趋势下，AIGC 的作用变得越发重要，能够助力虚拟货场的构建，以下是一些实际案例。

（1）Obsess：Obsess 是一家专注于虚拟购物体验的公司，为多个品牌提供定制化的虚拟商店建设服务。通过虚拟货场，消费者可以在 3D 环境中浏览和购买商品，实现沉浸式的购物体验。Obsess 为 NARS、COACH、Charlotte Tilbury 等知名品牌创建了虚拟商店，为消费者提供了与实体店类似的购物感觉。

（2）天猫虚拟街区：天猫在"双十一"期间推出了虚拟街区功能，让消费者能够通过手机进入虚拟街区，参与逛街、购物、观展等虚拟活动。虚拟街区中的商品全部支持 3D 展示和 AR 试戴，为消费者提供更丰富的购物体验。这一举措通过虚拟货场为购物者创造了新的、有趣的购物场景。

（3）群核科技的空间 AIGC：群核科技成立了 AIGC 实验室，专注于研究空间 AIGC 的应用。他们正在开发算法模型即服务（MaaS）的未来范式，旨在将 AI 设计应用于家居家装和商业空间。这将为虚拟货场的建设提供更多创新的可能性，使其在购物、设计等领域发挥更大的作用，如图 6-22 展示。

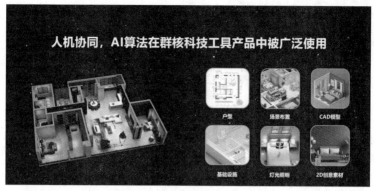

图 6-22　群核科技的空间 AIGC

（来源：2023 年 2 月 22 日新浪看点相关报道）

这些案例表明，AIGC 正逐渐成为虚拟货场构建的重要助力。通过提供更丰富、更沉浸式的购物体验，AIGC 为品牌商家和消费者创造了更多的机会，推动虚拟货场在电商领域的发展。

2. 物流履约：AIGC实现仓储配送降本增效

AIGC 助力智能制造，实现生产流程优化，提升制造效率。智能制造是指在制造过程中引入人工智能和数字化技术，通过数据分析和自动化控制，实现生产流程的智能优化。AIGC 在智能制造中发挥关键作用，通过分析大量生产数据，优化生产计划和调度，提高生产效率和质量。

一个案例是德国工业 4.0 倡议，该倡议旨在推动智能制造的发展。基于 AIGC 的数据分析和预测模型，德国企业可以实现设备故障提前预警，避免生产中断。同时，AIGC 还可以优化生产线上的工作流程，减少资源浪费，提高产能利用率。

另一个案例是中国的"中国制造 2025"计划，该计划旨在推动中国制造业向智能制造的转型。AIGC 可以在制造过程中分析生产数据，优化设备运行参数，实现自动化控制，从而提高产品质量和生产效率。例如，华为在生产中引入了 AIGC 技术，通过分析生产数据，优化设备调度和工作流程，实现了生产效率的显著提升。

总之，AIGC 在智能制造领域的应用有望实现生产流程的智能优化，提升制造效率和质量，推动制造业的升级和发展。

本节中，我们深入探讨了 AIGC 在电商领域中的赋能作用，以"人、货、场"为主要切入点，详细介绍了 AIGC在电商营销的不同方面的应用场景。在

"人"方面，我们探讨了 AIGC 在直播带货和客服咨询方面的应用，展示了 AIGC 如何助力平台降本增效、提高客服回复效率，并通过虚拟主播提升用户体验。在"货"方面，我们介绍了 AIGC 如何助力消费洞察，为品牌方提供产品改进方向，并在产品趋势洞察、新品研发等方面发挥作用。在"场"方面，我们着重讨论了 AIGC 如何实现虚拟货场、物流履约优化等。这些应用场景展示了 AIGC 如何通过智能技术赋能电商的各个环节，实现更智慧、高效的电商运营和营销，帮助品牌方降本增效。

附录 A "AIGC+" 行业变革

AIGC 的发展将在不同行业中引起广泛的影响和变革。尽管职业可能面临部分被 AI 替代的风险，但我们应该积极拥抱变化，并看到其中所蕴含的机遇。随着 AIGC 的普及和应用，将会出现新的职业需求和机会。例如，我们可以看到 AIGC 技术的发展将需要专业人士来开发、优化和监督这些系统的工作。此外，随着 AIGC 在各个行业中的应用，需要专业人员来理解、分析和解释 AIGC 生成的内容，并将其应用于实际业务中。因此，我们应该持乐观态度，积极学习和适应新技术，抓住 AIGC 带来的变革中的机遇。本附录主要介绍"AIGC+"行业将带来怎样的变革？不同行业下我们的机会又在哪里？

"AIGC+" 行业的变革和影响

AIGC 技术与不同行业的结合将带来广泛的变革。以下将逐一介绍 AIGC 在不同行业中的影响和变革。

1. AIGC+工业

AI 技术在工业领域的广泛应用为传统工业带来了全面升级的机会。从研发设计、生产制造到管理服务，AI 技术在各个环节都能实现效率提升和质量改进。

- 自动化生产和优化。

AIGC 可以应用于工业生产过程中的自动化和优化。通过分析大量的生产数据和监测指标，AIGC 可以实时监测设备状态、预测故障，并提供相应的维护建议。这有助于降低停机时间，提高生产效率和资源利用率。

- 产品设计和创新。

AIGC 可以用于辅助产品设计和创新。通过分析市场趋势、消费者需求和竞争对手信息，AIGC 可以生成创意和设计方案。这有助于加快产品开发周期，提高产品的差异化和创新性。

- 供应链管理和物流优化。

AIGC 可以应用于供应链管理和物流优化，提高供应链的可视性和效率。通过分析供应链数据和市场需求，AIGC 可以进行需求预测和库存优化，帮助企业减少库存成本和提高交付效率。

- 质量控制和缺陷预防。

AIGC 可以应用于质量控制和缺陷预防。通过分析生产过程中的关键参数和质量指标，AIGC 可以帮助企业及时发现潜在问题，并提供预防措施。这有助于降低不良品率和质量成本，提高产品质量和顾客满意度。

除此之外，AIGC 在 3D 模型中的应用，可以帮助工业部件无模具实时成型、见母模型生成、智能安防、工业质检以及智能物流等，目前各大工业化企业也在依托 AIGC 做数字化转型。

2. AIGC+医疗

AIGC 技术在医疗领域的应用涵盖了药物发现、诊断治疗和关怀陪伴等多个方面。以下是 AIGC 在医疗领域的具体应用。

- 药物发现。

AIGC 在药物发现领域具有重要作用。其通过分析大量的生物数据、基因组学和蛋白质结构，AIGC 可以预测药物与特定蛋白质之间的相互作用，加速药物研发和筛选过程。这有助于发现更有效和安全的药物，为疾病治疗提供新的可能性。

- 诊断治疗。

AIGC 在诊断治疗方面有着广泛的应用。它可以辅助医生进行疾病的诊断，通过分析患者的临床数据和影像学图像，提供辅助诊断的建议和支持。同时，AIGC 可以生成病例报告，帮助医生快速整理和记录患者的医疗信息，提高工作效率。此外，AIGC 还能应用于手术机器人的操作和影像读片等方面，提供更准确和精细的治疗方案和手术指导。

比如在医学影像领域，AIGC 有望提高影像诊断的效率。深度学习算法模型的训练需要大量的数据支持，而医学影像由于其数据密集的特性，为以深度学习为代表的人工智能技术提供了广阔的应用空间，特别是在 X 光、CT 等类型影像的识别和分析方面已经取得了成熟的应用。

AIGC 模型在医学影像诊断中的应用，能够明显缩短诊断时间，比病理医师的单视野图像诊断用时更短。"AIGC+医学影像"主要应用于以下三个领域。

（1）通过图像生成模型加强医学影像的质量和生成效果。AI 技术可以应用于医学影像的重建和增强，提高影像的清晰度和准确性，帮助医生更好地识别和分析影像中的异常情况。

（2）快速生成大量合成医学影像用于训练机器学习模型。AI 技术可以生成合成的医学影像数据集，用于训练和优化机器学习模型。这样可以解决数据稀缺的问题，加速模型的训练和应用，提高诊断的准确性和效率。

（3）预测疾病进展并生成全生命周期的个性化诊疗报告。AI 技术可以利用医学影像数据和患者的临床信息，预测疾病的进展和风险，并生成个性化的诊疗报告。这有助于医生制订更有效的治疗方案和预防措施，提高患者的治疗效果和健康管理水平。

通过 AIGC 模型的应用，医学影像的质量和准确性得到提升，医生的工作效率得到增强，为患者提供更准确、个性化的诊断和治疗服务。这将为医学影像领域带来重大的发展和变革。

- 关怀陪伴。

AIGC 在关怀陪伴方面为患者提供支持。例如，AI 陪护系统可以与患者进行交互，提供信息和回答常见问题，增强患者对疾病的了解和自我管理能力。此外，AIGC 还可应用于交互式心理咨询，通过分析患者的情绪和言语，提供个性化的心理支持和咨询服务。还可以根据患者的健康数据和特定需求，生成个性化的健康方案和预防建议。

AIGC 技术在医疗领域的应用为医疗团队和患者带来了许多便利和优势。通过结合大数据分析和智能算法，AIGC 能够提供更准确、个性化和高效的医疗服务，改善疾病诊断、治疗和康复过程，提高医疗质量和患者体验。这为医疗行业带来了巨大的变革和进步。

3. AIGC+教育

AIGC 技术在教育领域的应用正在改变传统教学模式，为教育提供了全新的可能性。以下是 AIGC 在教育领域的可能的主要应用。

- 个性化学习和智能辅导。

AIGC 技术可以根据学生的个性特点和学习需求，生成个性化的学习内容和教学资源。通过分析学生的学习数据和行为模式，AIGC 系统能够为每个学生量身定制学习路径，提供个性化的学习建议和辅导。这有助于提高学生的学习效果和兴趣，推动个性化教育的实现。

- 虚拟实验和模拟训练。

AIGC 技术可以模拟实验和训练场景，为学生提供虚拟实验室和模拟训练环境。学生可以通过虚拟现实技术进行实验操作和模拟实践，提高实验技能和操作能力，同时减少实验材料和设备的成本，比如可以依托 AI 工具进行英语口语发音练习等。

- 自动化评估和反馈。

AIGC 技术可以自动化评估学生的学习成果和表现，提供及时的反馈和评估报告。通过分析学生的作业、考试和表现数据，AIGC 系统能够精确评估学生的学习水平和弱点，并提供相应的个性化反馈和改进建议。

- 辅助教师和教学管理。

AIGC 技术可以辅助教师进行教学和管理工作。例如，AIGC 系统可以帮助教师自动生成教学材料、课件和教案，减轻教师的工作负担。同时，AIGC 技术还可以分析学生的学习数据和行为，帮助教师进行教学策略调整和个性化辅导。

例如，NOLEJ 提供了一个电子学习胶囊，它是由人工智能在短短 3 分钟内生成的。这个胶囊提供了一个互动视频、词汇表、练习和目标主题的总结，如图 A-1 所示。

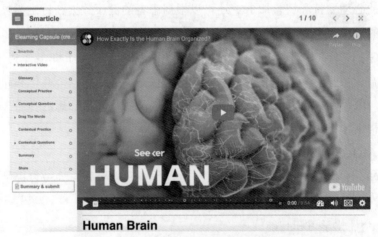

图 A-1　一个人工智能生成的课程内容的例子

（来源：NOLEJ）

通过 AIGC 技术的应用，教育领域能够实现个性化学习、智能辅导和虚拟实验等创新模式，提升教学效果和学生的学习体验。AIGC 技术为教育带来更灵活、智能和高效的教学方式，推动教育行业向数字化和个性化发展，为学生提供更优质的教育资源和机会。

4. AIGC+金融

依托 AI 技术，金融科技的服务能力迈上了新的台阶，AIGC 技术在金融领域的应用正引领着金融行业的数字化转型和创新。当前，主流的金融科技公司普遍将 AI 技术应用于客户服务和管理决策中。具体包括以下方面。

- 客户服务方面。

构建以人工智能为核心的客户服务系统，提供简便、快捷、高效、个性化的互联网金融服务。通过人工智能服务，提升客户体验，满足用户需求，增强用户的黏性。同时，丰富和完善互联网财富管理生态圈，帮助客户实现金融数字化转型升级。

AIGC 技术可以应用于金融机构的客户服务和沟通渠道。通过自然语言处理和情感分析等技术，AIGC 系统可以实现自动化的客户服务和智能机器人。它可以回答常见问题、处理客户的投诉和查询，并提供个性化的金融建议和服务。这有助于提升客户满意度和服务效率，减少人力资源的需求。

- 投资决策方面。

金融科技公司通过持续优化和迭代业务流程，实现了成本的降低和效率的提高。利用大数据赋能管理决策，应用人工智能进行分析和预测，提升了公司的决策水平。具体来说，在投资领域，AIGC 技术发挥着重要作用。

它可以根据投资者的风险偏好、财务状况和投资目标，生成个性化的投资和理财建议。通过分析投资者的投资组合、市场数据和经济指标，AIGC 系统能够为每个投资者量身定制投资策略和组合配置，提供个性化的投资建议。这样的个性化投资建议有助于提升投资者的投资决策能力和回报率。

- 风险管理方面。

AIGC 技术可以通过分析大量的金融数据和市场情报，帮助金融机构进行风险评估和预测。它可以识别潜在的风险因素和市场趋势，为金融机构提供准确的风险预警和决策支持。这有助于降低金融机构的风险敞口，提高风险管理的效能。在预防欺诈和洗黑钱方面，AIGC 技术可以通过分析大量的交易数据和用户行为，帮助金融机构进行欺诈检测和反洗钱工作。它可以识别异常交易模式和风险行为，提供及时的欺诈警报和反洗钱建议。这有助于保护金融机构和用户的资金安全，提高金融交易的可信度和可靠性。

通过 AIGC 技术的应用，金融行业能够实现更精准、高效和智能的金融服务，客户提供更加便捷和个性化的服务，提升客户的满意度和忠诚度。除此之外，AIGC 技术还可以为金融机构提供了更好的数据分析和决策支持能力，提升了风险管理、投资决策、客户服务和合规管理的水平。

5. AIGC+电商

大规模模型的赋能，推动了 AIGC 与电商的结合，为电商行业带来了新的机遇。AIGC 技术在电商领域的应用正引领着电子商务行业的转型和创新，此前第 3 章、第 4 章已经详细地介绍了 AIGC 对电商行业的影响，比如在商品展示、主播打造以及交易场景中都做了部分介绍，本节会整体介绍对于整体行业的影响，除了以上内容之外人工智能技术为电商行业的网络直播、客户定位和商品投放等方面也注入了新的活力。

- 在网络直播方面。

随着电商直播业态的成熟发展，专业化和创新化成为重要趋势。通过人工智能技术有效记录直播数据，并分析投放、选品、商品佣金、即时人气、转化率等数据要素，可以打造更优化的直播流程策略。同时，虚拟人在直播行业的应用以及人工智能、5G、VR 等新兴技术的融合也将为电商直播业态的未来发展注入新的动力。

- 在客户定位和商品投放方面。

数据分析技术能够建立模型，识别客户行为背后的动机、偏好、习惯和需求，描绘客户画像，协助营销人员进行针对性营销。通过精准化和定制化的服务，为客户提供个性化的购物体验。此外，智慧客服等技术也关注客户的售前咨询和售后体验，加快了客户需求响应的速度。

在 Web3.0 时代，借助人工智能之风，网络电商行业将迎来新的时代机遇。通过 AIGC 技术的应用，电商行业能够实现更专业化和创新化的网络直播，提供个性化和定制化的商品和服务，以及更加智能化和高效化的客户体验。这将推动电商行业的发展，开创新的商业模式和商机。

6. AIGC+传媒

AIGC 技术与传媒行业的结合带来了全新的可能性，推动了传媒领域的数字化转型和创新。AIGC 在传媒领域的应用主要包括内容生成和个性化推荐、媒体监测和舆情分析、智能化广告投放和营销策略，以及智能化内容编辑和制作。

- 内容生成和个性化推荐。

AIGC 技术可以自动生成新闻、文章、影视剧本等内容，帮助传媒机构快速生成丰富多样的媒体内容。同时，借助机器学习和数据分析，AIGC 可以进行个性化推荐，根据用户的兴趣和偏好推送相关内容，提升用户体验和参与度。

- 媒体监测和舆情分析。

AIGC技术可以自动化地监测和分析大量的媒体报道和社交媒体数据，实时了解舆论动态和用户反馈。通过情感分析和话题挖掘等技术，AIGC能够帮助传媒机构了解公众舆论倾向，及时调整报道策略和舆论引导，提升传媒机构的舆论影响力。

- 智能化广告投放和营销策略。

AIGC技术可以通过数据分析和人工智能算法，实现智能化广告投放和营销策略。它可以根据用户画像和行为数据，精准地定位目标受众，优化广告投放效果，并提供个性化的营销策略，提高广告转化率和营销效果。

- 智能化内容编辑和制作。

AIGC技术可以辅助传媒机构进行内容编辑和制作。它可以自动提取关键信息、整理素材、生成摘要和标题等，提高内容的编辑效率和质量。同时，AIGC还能够实现智能化的视频剪辑和特效处理，提升影视制作的效率和创意性。

- 技术报道方面。

随着智能采访和"5G+AI"技术的广泛应用，新闻媒体可以通过这些技术策划节目，实现跨场景报道和隔空全息互动等，解决了时空因素的限制。这样的技术应用为媒体报道带来了更加丰富和多样化的呈现方式。

根据不同的新闻类型，进行优缺点的对比，详情见表A-1。

表A-1 不同新闻类型对比

新闻类型	优点	缺点
AIGC新闻	数据汇集，精准抓取；快速组稿和精准加工；热点追踪和传播分析	模式固定；适用面窄；缺乏思考能力和创造力
传统新闻	内容可靠性高；提供深度和全面的报道、解读和分析	时间和人力成本较高；受记者主观因素影响可能存在偏见或失实的风险
无记者新闻	可快速生成大量新闻；相对客观性和中立性较高	可能存在数据误解和错误报道；分析深度和全面性不足
对话新闻	人性化和针对性；提供与用户的互动和反馈	精准度和逻辑性问题；需要大量的训练数据和算法支持；需要大量人力和资金投入
辟谣新闻	数据驱动，提高效率；全时覆盖，及时反应	容易产生误判；缺乏人性化思维；需要大量的数据训练

表A-1是AIGC新闻与传统新闻、无记者新闻、对话新闻和辟谣新闻的比

较。不同类型的新闻有各自的优点和缺点。AIGC 新闻能够通过数据汇集和快速加工提供精准的报道和分析，但在思考能力和创造力方面有所欠缺。传统新闻在内容可靠性和深度分析方面具有优势，但需要较高的时间和人力成本。无记者新闻可以快速生成大量新闻，但可能存在数据误解和报道不够深入全面的问题。对话新闻更加人性化和针对性，但精准度和逻辑性有待提高，并需要大量的训练数据和算法支持。辟谣新闻通过数据驱动提高效率，但容易产生误判，并缺乏人性化思维。选择适合的新闻类型取决于具体需求和情况，综合考虑优缺点进行选择。

通过 AIGC 技术的应用，传媒行业可以实现新闻采集的自动化和高效化，提升新闻编辑的效率和质量，以及实现智能化的新闻播报。这将带来更快速、准确和个性化的新闻报道，提升传媒行业的竞争力和用户体验。同时，AIGC 技术也为传媒行业带来了创新的可能性，推动传媒行业向数字化和智能化方向发展。

7. AIGC+影视

AI 技术在影视行业的各个产业链环节中发挥着重要作用，并推动了影视知识产权（IP）的落地和价值实现。AIGC 技术可以应用于影视内容创意、制作和宣发等全链路流程，例如剧本创作、AI 换脸换声、分镜制作、CG 动画、特效生成处理、视频剪辑以及预告片海报制作等。这些技术的应用有效地提升了影视制作的速度和质量，并解决了影视制作成本较高的问题。

（1）剧本创作。

- AI 剧本写作：利用 AI 技术生成剧本的初稿或补充创意，帮助编剧提供新的创作灵感和构思。

- 大纲和脚本生成：AI 能够根据给定的故事大纲和角色设定，生成完整的剧本脚本，提供参考和辅助创作。

- 生成分镜绘画：通过 AI 生成分镜绘画，快速展示影片的镜头安排和场景布置，帮助导演和摄影师进行前期规划。

（2）视频拍摄。

- 高难度动作合成：AI 技术可以合成高难度动作场景，包括特技和危险动作，减少对演员的风险，提高拍摄效率。

- 复活已故演员合成：通过 AI 技术，可以将已故演员的影像和表演风格合成到新的影片中，使其再次在屏幕上出现。

- 物理场景文本和图片转视频：AI 技术可以将静态的物理场景、文本和图片转化为动态的视频，增加影片的视觉效果和吸引力。

- 音效合成：利用 AI 技术，可以生成逼真的音效，为影片增添环境音、音乐和声音效果，提升观影体验。

- 后期制作：AI 技术在后期制作中可以应用于颜色校正、特效处理和视觉效果增强等方面，提高影片的质量和艺术效果。

- 影像修复风格转换：通过 AI 技术，可以修复老旧影像的损坏或质量下降，并进行风格转换，使影片呈现出不同的视觉风格。

（3）AI 生成预告片。

- AI 换脸、修改年龄：利用 AI 技术，可以实现演员换脸和修改年龄的效果，例如将一个演员的脸部特征替换为另一个演员，或者使演员看起来年轻或年老。

- 换装、改变表情等：AI 技术可以对演员进行虚拟换装，改变服装风格和造型，并调整表情、姿势等细节，达到预告片所需的效果。

- 生成图：AI 技术可以生成预告片所需的图像，包括海报、剧照和宣传图等，提供吸引人的视觉元素和宣传素材。

同时，随着 AI 技术和计算能力水平的不断提高，虚拟人物、数字人物等人工智能产品逐渐落地应用。具备知名 IP 的影视行业通过相关的 AIGC 技术实现 IP 的落地和价值变现，分享流量和红利。这意味着通过 AI 技术，影视行业可以更好地利用 IP 资源，创造更多的商业价值和市场影响力。

美图全系产品服务与 AIGC 高度融合，打造 AI 驱动的影像产品和美业 SaaS。美图影像研究院（MT Lab），深耕图像识别、图像处理、AR 等人工智能相关领域的前沿性和前瞻性技术研究，早早就完成了 AIGC 相关的技术储备，在多个方向都处于世界领先水平，美图布局如图 A-2 所示。

图 A-2　美图 AI 开放平台

（来源：清华大学发展研究报告）

综上所述，AI 技术在影视行业中的应用涵盖了从内容创意到制作和宣发等各个环节。它不仅提高了影视制作的效率和质量，还推动了知名 IP 的价值实现。随着 AI 技术的不断发展和应用，影视行业将迎来更多创新和商业机会，实现更大的发展潜力。

8. AIGC+娱乐

"AIGC+ 娱乐"是指利用人工智能和图形计算技术进行娱乐创新的应用。以下是对上述提到的各个方面的进一步解释和应用示例。

- 人脸美妆和人像属性变换：通过 AI 技术，用户可以使用应用或工具对自己的照片或视频进行实时美妆和人像属性变换。例如，用户可以尝试不同的妆容、发型、肤色等，改变自己的外貌风格，如图 A-3 所示。

图 A-3　人像属性变更

- 更换背景和人像抠图：AI 技术可以帮助用户快速将人物从照片或视频中抠出，并替换为不同的背景图像，如图 A-4 所示。用户可以实现在各种场景下的虚拟合影，或者制作个性化的照片和视频作品。

图 A-4　更换背景和人像抠图

- 医美人脸分析和人体检测美型：AI 可以通过人脸分析技术对用户的面部特征进行评估，并提供医美建议。此外，AI 还可以进行人体检测和美型分析，帮助用户调整体态、姿势和形体，如图 A-5 所示。

图 A-5　医美 App 人脸分析

- 偶像养成和虚拟分身：用户可以参与偶像养成游戏或应用，扮演经纪人或制作人的角色，培养和管理自己的虚拟偶像，如图 A-6 所示。此外，用户还可以创建虚拟分身，扮演虚拟歌姬、博主或现实明星的角色，并与之进行互动，例如卡琳·玛乔丽和开发者团队将她 2000 小时的 YouTube 内容与 OpenAI 的 GPT-4 技术相结合，创建了一个可供雇用的"虚拟女友"，每分钟收费 1 美元，该 AI "海王"，网红制造 AI 化身，同时交往 1000 个男友。

图 A-6　虚拟女友

- 已故明星 / 家人再现：利用 AI 技术，可以将已故明星 / 家人的形象、声音和表演风格再现在虚拟场景中，如图 A-7 所示。这样的技术可以让粉丝们继续与已故明星的虚拟形象进行互动和感受其魅力。数字生命，通过科技赋生，传承共融。

图 A-7　与已故家人虚拟形象互动

（来源：B 站的 UP 主吴伍六）

- 虚拟动漫同人：用户可以利用 AI 工具和平台创作自己的虚拟动漫角色，并进行二次创作、互动和社区分享，如图 A-8 所示。这样的应用可以扩展用户的创作空间和娱乐体验。

图 A-8　虚拟动漫

- 元宇宙虚拟演出：通过虚拟现实（VR）和增强现实（AR）技术，用户可以参与虚拟的音乐演出、观看虚拟的演出活动，并与虚拟艺人进行互动。这种形式的虚拟演出可以为观众带来全新的娱乐体验，如图 A-9 所示。

图 A-9 爱奇艺元宇宙舞台"乐队的夏天"

- 社交互动: AI 技术可以提供更智能和个性化的社交互动体验。例如, 通过 AI 生成的聊天机器人或虚拟人物可以与用户进行对话、互动, 增加娱乐性和交互性, 如图 A-10 所示。

图 A-10 soul 社交互动"苟蛋"

- C 端用户数字分身和定制化 AI 伴侣: AI 可以生成用户的数字分身, 提供个性化的娱乐体验和互动, 如图 A-11 所示是编者以自己为原型做的数字分身。

图 A-11　数字分身

综上所述，"AIGC+娱乐"为全民娱乐提供了更多样化、个性化和互动性的娱乐体验，通过 AI 技术的应用，用户可以参与到创作、互动和虚拟体验中，增加娱乐的趣味性。

9. AIGC+游戏

虚拟与现实的融合，以及 AI 与游戏的结合加速了游戏领域的发展。"AI+游戏"目前主要应用于游戏内容生成、游戏身份验证和游戏设备等方面。具体来看：

- 游戏内容生成：AI 技术可以应用于游戏 NPC、建模、配音、绘画等内容的生成，从而降低游戏制作的成本。同时，通过智能推荐、智能对话和个性化生成等方式，AI 技术可以加强游戏的可玩性和交互性，提高玩家的黏性和付费意愿，增加游戏厂商的收入。

- 游戏身份验证：人工智能技术可以有效识别图片、文字、动作和声音等，为游戏安全和反沉迷系统提供支持。通过 AI 技术的应用，可以提升游戏身份验证的准确性和安全性，确保游戏环境的健康和公平。

- 游戏设备：AI 技术的发展推动了可穿戴设备如 VR/AR 头显、虚拟设备等的出现，提升了游戏的趣味性和玩家的沉浸感。这些设备结合 AI 技术，为玩家提供更加逼真、交互性更强的游戏体验。

- 游戏智能助手：AI 技术可以提供游戏智能助手，为玩家提供实时的游戏提示、建议和指导。这些助手可以根据玩家的游戏行为和需求，提供针对性的建议，帮助玩家更好地完成任务和解决难题。

- 游戏情感分析：AI 技术可以分析玩家的情感状态和游戏体验，例如通过人脸表情识别、语音情感分析等技术。这样的分析可以帮助游戏开发人员了解玩家的喜好和反馈,从而进行游戏改进和优化。

- 游戏智能匹配:AI可以根据玩家的技能水平、游戏偏好和匹配条件,进行智能的玩家匹配。这可以提供更公平、更平衡的游戏对战体验,使玩家能够与相对水平持平的对手进行竞技。
- 游戏情节生成:AI技术可以根据玩家的决策和游戏环境,生成动态的游戏情节和剧情发展。这样的技术可以为玩家提供更多样化、个性化的游戏体验,增加游戏的趣味性和再现性。
- 游戏数据分析:AI技术可以对游戏数据进行分析,包括玩家行为数据、游戏进程数据等。通过对数据的挖掘和分析,可以帮助游戏开发人员了解玩家的游戏习惯、兴趣和需求,从而进行游戏设计和改进。

综上所述,人工智能在游戏领域的应用还涵盖游戏智能助手、游戏情感分析、游戏智能匹配、游戏情节生成和游戏数据分析等方面。这些应用为游戏行业带来了更多的创新和提升,提高了游戏的娱乐性、可玩性和用户体验。

10. AIGC+其他

除了电商、工业、医疗、教育、影视、传媒、娱乐、游戏和金融领域之外,"AIGC+"还在许多其他领域展现出巨大的潜力和应用可能性。以下是一些可能的领域和应用示例。

农业和农业智能化:AIGC可应用于农业领域,例如农作物生长监测、智能农机和设备、农产品质量检测等方面。它可以帮助农民提高农作物的产量和质量,并实现农业生产的智能化管理。

城市规划和智慧城市:AIGC可用于城市规划和建设,例如交通流量优化、城市资源管理、智慧公共设施等方面。它可以帮助城市实现高效、可持续的发展,提升居民的生活质量。

环境保护和可持续发展:AIGC可应用于环境监测、自然资源管理、可持续能源等方面,帮助实现环境保护和可持续发展的目标。它可以提供更精确、实时的环境数据分析,为决策者提供科学依据。

交通和智能交通系统:AIGC可应用于交通管理、智能交通系统、无人驾驶等方面。它可以帮助优化交通流量、提升交通安全性,并推动交通系统的智能化和可持续发展。

社会服务和公共事务:AIGC可用于社会服务领域,例如智能客服、公共服务机器人、智能辅助决策等方面。它可以提供更高效、个性化的服务，满足人们的需求。

环境艺术和创意产业：AIGC 可用于艺术创作、虚拟现实艺术、数字艺术等方面。它可以帮助艺术家创造独特的艺术作品，并推动创意产业的发展。

社会福利和慈善事业：AIGC 可应用于社会福利和慈善事业，例如智能捐赠平台、慈善项目管理等方面。它可以提升慈善事业的透明度和效率，帮助更多人获得帮助。

总体来说，"AIGC+"在许多领域都有着广泛的应用前景，包括农业、城市规划、环境保护、交通、社会服务、环境艺术、社会福利等。通过人工智能和图形计算技术的结合，可以为这些领域带来更多创新、效率提升和可持续发展的机会。

附录 B　AIGC 对行业就业和人力资源的影响

AIGC 的发展创造了许多新的就业机会和职业领域，虽然 AIGC 的应用可能会对一些传统工作产生影响，但同时也为人们提供了新的工作机会和发展方向。以下是一些可能的观点和解决方案。

- 转型和技能升级：随着 AIGC 的发展，人们可以通过学习和转型来适应新的工作需求。包括通过培训和学习获取新的技能，以适应人工智能和图形计算相关的工作领域。
- 新兴职业和创新创业：AIGC 的发展为创造新的职业和创业机会提供了可能性。人们可以利用 AIGC 技术，创造新的工作领域和商业模式，为社会和经济发展做出贡献。
- 人与机器的合作：虽然 AIGC 在一些领域具有高效和自动化的能力，但人类的创造力、情感和决策能力仍然是独特且不可替代的。因此，人与机器的合作将成为未来工作的重要模式，人类可以与 AIGC 共同发挥各自的优势，实现更高效和创新的工作方式。
- 增强人类工作能力：AIGC 的应用可以增强人类的工作能力，帮助人们更高效地完成任务和解决问题。通过与 AIGC 的交互，人们可以扩展自己的能力和知识，提升工作效率和创造力。
- 社会保障和政策支持：随着 AIGC 的发展，社会保障和政策支持将起到重要作用，以确保人们能够适应和应对工作的变化。包括提供培训和转型支持、建立适应新工作模式的法律和政策框架等。

总体来说，尽管 AIGC 的应用可能会对传统工作产生影响，但同时也创造了许多新的就业机会和职业领域。通过转型和技能升级、人与机器的合作，以及社会保障和政策支持，人们可以应对工作的变化，并积极适应未来的工作环境。本节会带领大家了解 AIGC 对于行业就业和人力资源方面的影响。

1. AIGC在招聘和人才管理中的应用

AIGC 在招聘和人才管理中正日益被广泛采用，它为企业和招聘者带来了许多便利和效益。这些应用不仅提高了招聘的效率，还帮助企业更好地管理和发展人才。

首先，AIGC 可以在招聘过程中发挥重要作用。它能够自动筛选大量的简历和申请，快速找到与职位要求匹配的候选人。这大大减轻了人力资源部门的工作负担，提高了招聘的效率。同时，AIGC 还能通过数据分析和人才预测模型，帮助企业预测和评估候选人的潜力和适应性，提供更准确的招聘决策依据。

其次，AIGC 在人才管理中的应用也非常广泛。它可以帮助企业进行员工绩效评估和激励管理，通过对大量数据的分析，提供个性化的激励和发展方案，帮助员工实现个人和组织目标的契合。此外，AIGC 还能够进行员工情绪分析和离职预测，帮助企业及时发现问题并采取相应措施，提升员工的满意度和保留率。

但是，我们也需要正视 AIGC 在招聘和人才管理中的潜在风险和挑战。尽管 AIGC 可以提供高效的筛选和评估，但它可能存在偏见和歧视问题。因此，在应用 AIGC 时，需要确保算法的公正性和透明性，避免对某些特定群体产生不公平对待。

总体来说，AIGC 在招聘和人才管理中的应用为企业和招聘者带来了诸多优势。然而，我们也应该保持警觉，积极引导和监督 AIGC 的应用，确保其合理、公正、透明地发挥作用，以实现人才管理的目标，促进组织的可持续发展。

2. AIGC对岗位需求和工作方式的变化

AIGC 的广泛应用正在对岗位需求和工作方式产生深远的影响。它带来了一系列变化，涉及岗位技能要求、工作流程和协作方式等方面。

首先，AIGC 的应用导致了对技能需求的变化。传统的岗位技能可能需要与 AIGC 的应用和相关技术相结合。例如，对于人力资源专员，除了传统的招聘和人才管理技能，他们还需要了解如何运用 AIGC 工具进行简历筛选和数据分析。同样，软件开发人员可能需要学习与 AIGC 相关的技术和算法，以便在开发智能系统和应用时能够灵活应对。

其次，AIGC 的引入对工作流程和任务分配产生了影响。一些重复性、机械性的工作可以通过 AIGC 自动化处理，减少人工干预的需求。例如，数据分析、文档处理和报告生成等任务可以由 AIGC 系统完成，使人力资源专员或市场营销人员能够更多地专注于策略制定、创造性思考和人际交流等高级任务。

　　此外，AIGC的出现还推动了工作方式的变革，远程办公、协同工作和灵活工作等模式得到了进一步发展。通过云端技术和AIGC工具，团队成员可以实时协作、分享信息和资源，无论地理位置如何，都能高效地完成工作。这种工作方式的转变提供了更大的灵活性和自主性，同时也要求员工具备更强的协作和沟通能力。

　　然而，我们也要认识到AIGC对岗位需求和工作方式的变化带来了一些挑战。其中之一是需要进行持续的学习和技能更新，以适应快速变化的技术和工作环境。此外，还需要关注人机合作的平衡，确保人类的创造性和情感智能得到充分发挥。

　　总体来说，AIGC的应用对岗位需求和工作方式带来了深刻的变化。了解这些变化并积极适应是关键，这样我们可以更好地应对未来的职业挑战，发挥人类独特的优势，并与AIGC实现有效的协同合作。

3. AIGC产生的新的就业机会

　　"AIGC+"和"+AIGC"的全域交融和双向会师创造了许多新兴职业和行业，以及一系列创作辅助和风险监管的需求。以下是一些可能的新兴职业和应用场景。

- 人工智能训练师：这是一个培训和指导AIGC的职业，通过训练、学习和迭代，使AIGC能够生成所需的精准回复。
- Prompt工程师：这是一个负责设置精准prompt的职业，通过设计准确的prompt，使人工智能能够生成最精准、快捷的回复。
- 人工智能培训教育者：这个职业涉及出版教程、教育大众使用AIGC，并教授AIGC相关课程等。
- "虚拟数字人+网络博主"：这是一个与粉丝互动，发布照片、视频等内容的虚拟数字人账号运营者。"虚拟数字人+偶像产业"：这个职业角色包括建模虚拟偶像，并训练其跳舞、歌唱、直播和与粉丝互动等能力。"虚拟数字人+音乐产业"：这个职业角色涉及创设虚拟歌手，并为其定制声音、歌曲，制作MV等。
- AIGC作画师：这个职业使用AIGC生成客户想要的图画，并根据需求不断调整。AIGC小说家：这个职业运用AIGC技术，结合受众画像，大规模生产网络小说。
- AIGC法律工作者：这个职业角色专门研究AIGC应用的法律和道德

底线，为其应用提供法律支持、打官司和进行辩护等。AIGC 监测者：这个职业角色负责监督 AIGC 的滥用行为，调查违例行为和越界训练 AIGC 等。

总体来说，"AIGC+"的发展为人们带来了更多的职业选择和应用场景。同时，AIGC 极大地解放了生产力，使人类不再受机械繁重劳动的束缚，获得更多的自由时间和创作可能性，推动人类朝着自由全面的发展迈进。

附录 C AIGC 的未来

"AIGC+"的意义在于将人工智能与其他领域的技术、应用和行业相结合，进一步拓展人工智能的应用范围和能力，为各个领域带来新的可能性和创新。

- 跨界合作与创新："AIGC+"鼓励不同领域的合作与创新，将人工智能与其他技术相融合。通过与大数据、物联网、区块链、生物技术等领域的结合，可以实现更广泛、更深入的应用和创新，提供更强大的解决方案。

- 问题解决与优化："AIGC+"可以帮助解决现实生活和工作中的各种问题。通过结合人工智能的算法和技术，可以提供更准确、更高效的解决方案，优化业务流程和决策，提高生产效率和质量。

- 个性化和定制化服务："AIGC+"的应用使得个性化和定制化服务成为可能。通过结合人工智能的能力和其他行业的数据和知识，可以为用户提供更加个性化、精准的服务和产品，提升用户体验和满意度。

- 数据驱动决策和洞察："AIGC+"结合大数据分析和机器学习等技术，可以从海量数据中挖掘出有价值的信息和洞察，为决策者提供更准确、更全面的数据支持，帮助他们做出更明智的决策。

- 高效和智能生产："AIGC+"的应用可以推动生产过程的自动化和智能化。通过结合人工智能技术和其他领域的创新，可以实现更高效、更智能的生产方式，提高生产效率和质量，降低成本和资源消耗。

- 社会发展与人类福祉："AIGC+"的发展将推动社会的发展和人类的福祉。通过结合人工智能技术与其他领域的创新，可以为社会提供更多的便利、安全和可持续的解决方案，提升人类生活的质量和幸福感。

总体来说，"AIGC+"的意义在于拓展人工智能的应用领域和能力，通过与其他技术和行业的结合，实现更广泛、更深入的创新和应用，为各个领域带来更多的机遇和发展潜力。这种跨界合作和创新将推动社会的进步和人类的福祉。

本附录会跟大家一起思考 AIGC 的未来如何？我们应该如何把握住百年一遇之大变革。我们要认识到 AI 的目标是为人类提供帮助和增强人类的能力，而不是取代人类。AI 的发展应该视为人类社会进步的一部分，它可以解放人类的创造力、提高工作效率，并为我们解决许多重大问题提供新的解决方案。我们可以将 AI 视为人类的合作伙伴，而不是竞争对手。

然而，我们也需要保持警惕并积极应对 AI 带来的挑战。2023 年 5 月 30 日，超过 350 名 AI 领域的企业高管、技术专家和大学教授，联名签署了一封公开信。他们在信中警告称，AI 可能给人类带来巨大风险。

这封信发表在非营利组织 AI 安全中心 CAIS 的官网上，签署者包括 OpenAI 首席执行官山姆·奥特曼、DeepMind 首席执行官 Demis Hassabis、Anthropic 首席执行官 Dario Amodei 以及微软、谷歌的高管，清华大学、斯坦福大学、麻省理工学院的教授等，这封信只有一段话："减轻 AI 带来的灭绝风险，应该与流行病和核战争等其他社会规模的风险一起，成为全球优先事项"，如图 C-1 所示。

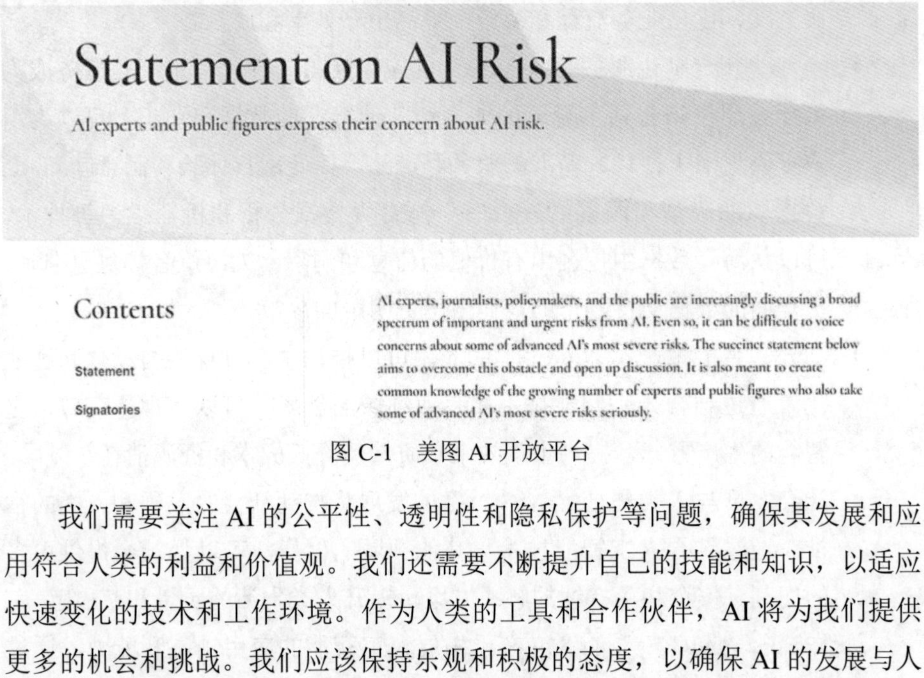

Statement on AI Risk

AI experts and public figures express their concern about AI risk.

Contents

Statement

Signatories

AI experts, journalists, policymakers, and the public are increasingly discussing a broad spectrum of important and urgent risks from AI. Even so, it can be difficult to voice concerns about some of advanced AI's most severe risks. The succinct statement below aims to overcome this obstacle and open up discussion. It is also meant to create common knowledge of the growing number of experts and public figures who also take some of advanced AI's most severe risks seriously.

图 C-1 美图 AI 开放平台

我们需要关注 AI 的公平性、透明性和隐私保护等问题，确保其发展和应用符合人类的利益和价值观。我们还需要不断提升自己的技能和知识，以适应快速变化的技术和工作环境。作为人类的工具和合作伙伴，AI 将为我们提供更多的机会和挑战。我们应该保持乐观和积极的态度，以确保 AI 的发展与人类社会的发展相互促进，并推动人类社会朝着更美好的方向发展。